INTEGRACIÓN DEL PAISAJE EN LA
REGENERACIÓN INTEGRAL DE BARRIOS

Promociones residenciales públicas
en el periodo 1950-1985 en Navarra

GUÍA DE INTEGRACIÓN PAISAJÍSTICA 06

Gobierno de Navarra · Nafarroako Gobernua

Título:	INTEGRACIÓN DEL PAISAJE EN LA REGENERACIÓN INTEGRAL DE BARRIOS Promociones residenciales públicas en el periodo 1950-1985 en Navarra
Autoría:	Ángela Peralta Álvarez, Pilar Díaz Rodríguez, Cristina Díaz Sánchez, Iñaki Romero Fernández de Larrea, Guillermo Acero Caballero, Jon Aguirre Such, (Paisaje Transversal SLL)
©	Gobierno de Navarra / Nafarroako Gobernua Departamento de Cohesión Territorial 1.ª edición (2024)
Dirección: Coordinación:	Dirección General de Ordenación del Territorio, Gobierno de Navarra Ainhoa Irizar Lizarazu Servicio de Territorio y Paisaje
Con la colaboración de:	Archivo Contemporáneo de Navarra (ACN) Dirección General de Cultura-Institución Príncipe de Viana, Gobierno de Navarra Ayuntamientos de Altsasu/Alsasua y Beriáin, Jornadas Europeas de Patrimonio 2023 Sección de Rehabilitación Residencial, Dirección General de Vivienda, Gobierno de Navarra Área de Regeneración Urbana, Navarra de Suelo y Vivienda S. A. Oficina de Rehabilitación Urbana del Ayuntamiento de Pamplona. Pamplona Centro Histórico - Iruña Bizi Berritzen S. A.
Diseño y maquetación: Fotografía: Fotografías portada y contraportada: Cartografía:	Paisaje Transversal Paisaje Transversal siempre que no se cita la fuente Viviendas mandos intermedios. Poblado de Potasas, Beriáin Viviendas trabajadores. Poblado de Potasas, Beriáin Cartografía básica y ortofotografía: IDENA y SITNA
Agradecimientos	Luis Antonio Ayesa Ajona, arquitecto
Tratamiento: Impresión: ISBN: D. L.:	Pretexto Gráficas Astarriaga 978-84-235-3714-3 NA 2035-2024

Promoción y distribución:	Fondo de Publicaciones del Gobierno de Navarra C/ Navas de Tolosa, 21 31001 PAMPLONA Tel.: 848 427 121 fondo.publicaciones@navarra.es https://publicaciones.navarra.es

Índice

Figura 1. Tudela

Presentación

Con esta guía, la sexta de la serie de guías de paisaje técnico-divulgativas impulsadas por el departamento, nos aproximamos a un tema complejo y de máxima actualidad: la integración del paisaje en la regeneración integral de barrios residenciales. En los últimos tiempos, los distintos proyectos y actuaciones de rehabilitación y regeneración de entornos residenciales reflejan el esfuerzo por mejorar la calidad de viviendas, edificios y espacios públicos de nuestros pueblos y ciudades. Estos proyectos y actuaciones vienen acompañados de una indisociable transformación del paisaje colectivo.

Tenemos la responsabilidad de acompañar los proyectos de rehabilitación urbana con una reflexión acerca de la regeneración urbana que nos permita conocer y valorar las características paisajísticas propias de cada uno de los entornos residenciales a transformar; características que cuentan la historia de cada barrio y que han acompañado su evolución urbanística, social y cultural. Se trata de cuidar la memoria y los valores de cada paisaje, e identificar el impacto de los proyectos de rehabilitación sobre los mismos. Es indudable que las áreas residenciales construidas entre 1950 y 1985 presentan grandes carencias a la hora de adaptarse a los retos y necesidades actuales, pero también cuentan con valores arquitectónicos y paisajísticos que, a lo largo del tiempo, han sido fundamentales para construir identidad y arraigo colectivo.

Esta guía busca servir de apoyo para las futuras transformaciones de las áreas residenciales del periodo 1950-1985 en Navarra. Parte de un análisis de diez casos de estudio que lleva a elaborar un diagnóstico paisajístico para construir, a partir del mismo, una estrategia de calidad paisajística y definir una serie de criterios y propuestas de intervención. Los objetivos de calidad paisajística propuestos requieren entender los proyectos de regeneración urbana como procesos en los que, desde una perspectiva interdisciplinar y participativa, se integran diferentes enfoques, tiempos, agentes y tipologías de intervención. Por

ello, la reflexión que inicia esta guía necesita ser recibida por múltiples agentes y enriquecerse conforme avancen los procesos de regeneración urbana.

No hay que olvidar que las promociones que se recogen como casos de estudio son solo algunas de las que se desarrollaron por iniciativa pública estatal civil. Existen otras actuaciones públicas valiosas pero que no han sido objeto todavía de inclusión en una guía como por ejemplo los grupos de casas que el Gobierno de Navarra promovió para empleados públicos –camineros, bomberos, maestros y otros grupos de funcionarios– en distintas zonas de la geografía navarra; o aquellas que promovió el Ayuntamiento de Pamplona –Grupo de San Pedro, viviendas municipales en el Ensanche, apartamentos tutelados en los barrios de la Rochapea, San Juan e Iturrama–; o los grupos de "casas de militares" y "casas cuartel" de la Guardia Civil en Navarra. Todas ellas constituyen entornos de interés paisajístico y patrimonial ineludible a la hora de proyectar su transformación.

El paisaje no puede entenderse si no es desde la perspectiva de las personas que lo construyen y lo habitan –y con el recuerdo de quienes lo construyeron y habitaron–, y para ello ha sido imprescindible la colaboración de las entidades locales y la ciudadanía de los distintos ámbitos de estudio. Así mismo, ha sido fundamental contar con el apoyo del Archivo Contemporáneo de Navarra (ACN), cuyo papel como custodio del patrimonio documental de Navarra, abierto a toda la ciudadanía, es un tesoro a descubrir.

Espero que esta guía proporcione a entidades y profesionales relacionados con la regeneración urbana ideas para planificar y actuar en estos barrios y, así mismo, que contribuya a divulgar el patrimonio entre la población interesada en estos paisajes urbanos y cotidianos de Navarra.

Óscar Chivite Cornago
Consejero del Departamento de Cohesión Territorial
Gobierno de Navarra

1. Introducción

1.1. Objetivos

1.2. Metodología

1.3. Marco teórico y normativo

La presente guía, la sexta de la serie de guías técnico-divulgativas impulsadas por el Gobierno de Navarra a través de la Dirección General de Ordenación del Territorio, analiza y plantea criterios y soluciones de integración paisajística para las áreas residenciales del periodo 1950-1985 en Navarra. Entiende el paisaje como marco clave y elemento transversal en el análisis del territorio y en la definición de políticas de regeneración urbana integral.

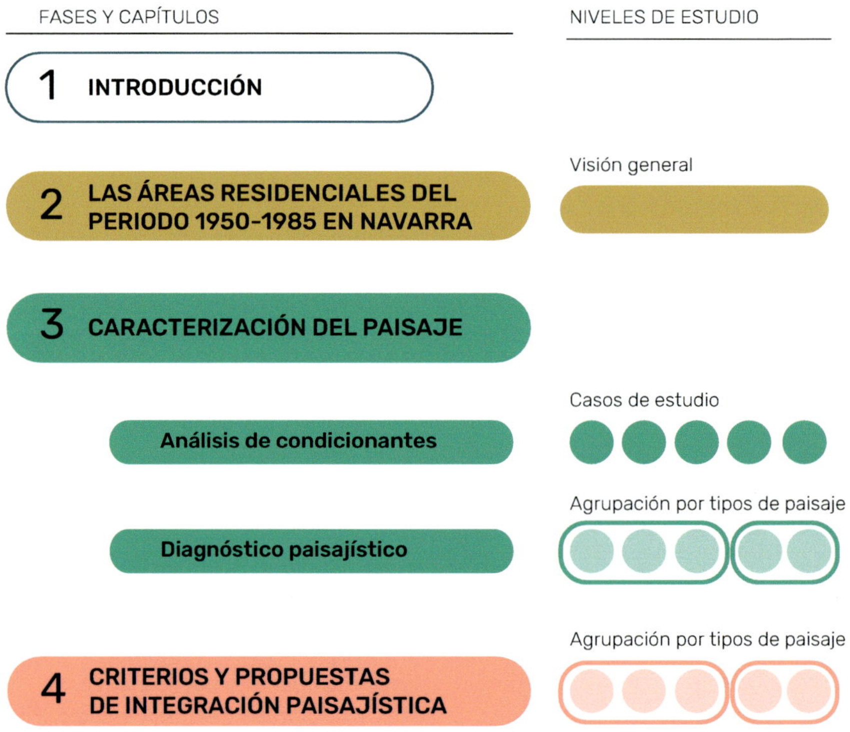

FASES Y CAPÍTULOS   NIVELES DE ESTUDIO

1   **INTRODUCCIÓN**

2   **LAS ÁREAS RESIDENCIALES DEL PERIODO 1950-1985 EN NAVARRA**   Visión general

3   **CARACTERIZACIÓN DEL PAISAJE**

Análisis de condicionantes   Casos de estudio

Diagnóstico paisajístico   Agrupación por tipos de paisaje

4   **CRITERIOS Y PROPUESTAS DE INTEGRACIÓN PAISAJÍSTICA**   Agrupación por tipos de paisaje

Figura 2. Estructura del documento

1.1. Objetivos

Esta guía tiene como objetivo abordar la dimensión paisajística de las áreas residenciales en Navarra durante el periodo 1950-1985. Su propósito es definir criterios que permitan abordar, desde una perspectiva adaptada al contexto socioespacial, las actuaciones necesarias para la regeneración urbana integral, incluyendo la rehabilitación y restauración edificatoria, la reactivación y mejora de espacios libres, con la atención a objetivos de calidad paisajística que posibiliten afrontar de mejor manera los grandes retos contemporáneos.

Se concibe como un documento no vinculante, flexible y adaptable, dirigido principalmente a:

- Dar a conocer el paisaje de Navarra y su diversidad.

- Evidenciar la importancia del paisaje como herramienta de interpretación territorial y valorar su contribución a una mejor gestión del territorio.

- Analizar, diagnosticar y evaluar el paisaje de las áreas residenciales objeto de estudio, identificando patrones comunes que faciliten una visión estratégica de las mismas.

- Proporcionar criterios y propuestas de intervención y gestión paisajista, facilitando la labor de las administraciones públicas ante el diseño e implementación de actuaciones.

Para la redacción de esta guía se desarrollan distintos trabajos que van desde el análisis y diagnóstico de cada una de las áreas residenciales escogidas como casos de estudio, hasta la evaluación y definición de patrones que permiten establecer criterios y soluciones de integración para el conjunto de las áreas residenciales. Para ello, la metodología propuesta, que se define en el próximo capítulo, persigue:

- Analizar particularmente las áreas residenciales que se seleccionan como casos de estudio, atendiendo a las diferentes temáticas interconectadas que configuran el paisaje de las mismas.

- Incorporar en los análisis tanto criterios objetivos como subjetivos, valorándolos de forma integral.

- Tomar en consideración las características de los paisajes navarros y los objetivos de calidad paisajística alcanzados hasta el momento.

- Identificar valores paisajísticos, conflictos, oportunidades y soluciones, tanto de forma particular para determinadas áreas de estudio, como en general, buscando patrones compartidos.

- Identificar ideas clave y proponer pautas, recomendaciones y soluciones que apoyen la definición de estrategias y medidas a distintas escalas para impulsar la mejora del paisaje urbano y la regeneración urbana integral.

HACIA LA REGENERACIÓN INTEGRAL DE BARRIOS

Esta guía quiere, por tanto, dirigir y servir de apoyo a las futuras transformaciones de las áreas residenciales del periodo 1950-1985, para que puedan dar respuesta a los retos y necesidades contemporáneos, sin perder de vista sus invariantes primigenias que les dotan de un carácter propio. Además, procura conservar aquellos elementos que, a lo largo del tiempo, han sido fundamentales en la creación de identidad y arraigo. Se enfoca así el estudio y las propuestas de integración paisajística a la *regeneración urbana integral*.

Para plantear propuestas de intervención sobre los entornos urbanos construidos, es necesario incorporar un **enfoque centrado en la escala humana y en una perspectiva integral y situada en el contexto**. Una mirada integral, que atienda a la complejidad y que sea capaz de interconectar las diferentes problemáticas y oportunidades, desde múltiples factores, para adaptar los tejidos urbanos a las necesidades actuales y mejorar la calidad de vida de sus habitantes.

El estudio urbano desde el *paisaje*, atendiendo a la definición del Convenio Europeo del Paisaje (Consejo de Europa, 2000), da respuesta a esta necesaria integralidad, al incorporar y considerar diferentes factores (históricos, geográficos, jurídicos, urbanísticos, económicos, sociales, perceptivos, ambientales, etc.). El paisaje urbano, ordinario y cotidiano, se identifica como un elemento clave con incidencia directa en la calidad de vida de la población.

1.2. Metodología

La metodología planteada para la realización de esta guía está dirigida al estudio del paisaje de los ámbitos residenciales desde una perspectiva integral, y a la generación de propuestas y criterios que permitan adecuarlo a las necesidades contemporáneas bajo premisas de mejora de la calidad de vida de sus habitantes.

NIVELES DE ESTUDIO

Esta guía trabaja sobre tres niveles o escalas diferenciados:

1. En primer lugar, se atiende a una **visión general del conjunto** de ámbitos, trabajando sobre elementos comunes que los definen.

2. En segundo lugar, se trabaja sobre cada uno de los **ámbitos residenciales de estudio seleccionados**, teniendo en consideración sus particularidades y los condicionantes que los caracterizan.

3. En tercer lugar, y para garantizar la operatividad de la guía, se identifican **agrupaciones de ámbitos según sus tipologías** que pueden responder a diferentes factores.

LÍNEAS TRANSVERSALES DE TRABAJO

La aplicación de esta metodología gira en torno a tres líneas de trabajo transversales que acompañan tanto la fase de análisis y caracterización del paisaje urbano como la definición de criterios e intervenciones. Estos ejes dan respuesta a la complejidad de un proyecto donde se aúnan valores ecológicos, sociales, paisajísticos e identitarios.

1. **Identidad y arraigo.** En esta línea se integran los vínculos y afectos que permiten relacionar los ámbitos residenciales con la percepción de las personas que los habitan y que desean valerse por sí mismas dentro de su entorno habitual. Entran en juego componentes culturales, artificiales, memoria colectiva, naturales, etc.

2. **Comunidad y cuidados**. Dada la importancia de la población en el desarrollo de las intervenciones, se trabajará sobre los aspectos comunitarios de cohesión social y de cuidados (tanto hacia otras personas como al entorno): usos y actividades, modelos de gestión, procesos comunitarios, custodia del territorio, repercusiones sociales, confort, etc.

3) **Ecología**. Dentro de este eje se incluirán todos los factores relacionados con el desarrollo de la infraestructura verde y la biodiversidad: suelo, agua, atmósfera, hábitat, fauna, etc. entendiendo que uno de los retos fundamentales es la adaptación y resiliencia frente al cambio climático.

ANÁLISIS DE CONDICIONANTES

Enfocar el estudio sobre el paisaje a la regeneración urbana requiere aproximarse a la complejidad de factores que, interconectados, identifican y condicionan los diferentes ámbitos. Esta guía parte de un análisis contextual recogido en el capítulo 2 en el que se analizan los **factores históricos**, la **evolución de los ámbitos residenciales** hasta nuestros días, y las **características territoriales, ambientales y paisajísticas**, desde una visión general del conjunto de los ámbitos.

A partir del análisis contextual, se realiza el **análisis de condicionantes**, recogido en el capítulo 3, donde se ahonda en cada uno de los ámbitos seleccionados por cada municipio. Éste se articula alrededor de 6 temas interconectados, que sirven de hilo conductor para esta guía:

 ESTRUCTURA Y MORFOLOGÍA URBANA

 USOS Y ACTIVIDAD

 TEJIDO SOCIAL Y VULNERABILIDAD

 MEDIO AMBIENTE URBANO

 PERCEPCIÓN Y AFECTOS

 NORMATIVA Y PROYECTOS

DEFINICIÓN DE CRITERIOS Y PROPUESTAS

A partir de las conclusiones del análisis de condicionantes, se desarrolla el diagnóstico paisajístico, que permite establecer aquellos factores clave: **valores, fragilidades y potencialidades del paisaje** de las áreas residenciales, que darán lugar a los criterios y propuestas de intervención.

Los criterios paisajísticos propuestos están enfocados a la **regeneración urbana integral,** buscando mejorar y adecuar el conjunto de espacios (espacios públicos, equipamientos, espacios libres de interior de parcela, edificaciones, etc.) a las actuales necesidades para la calidad de vida de sus habitantes.

Por último, se definen una serie de soluciones para aplicar específicamente en determinadas áreas residenciales, identificándose posibles modelos de gestión del paisaje que pueden trasladarse a las figuras de planeamiento municipal.

DESARROLLO DE LOS TRABAJOS

Para la redacción de esta guía se han desarrollado una serie de tareas que ayudan a integrar perspectivas y visiones del paisaje complementarias que enriquecen la obtención de conclusiones:

- **Documentación del Archivo Contemporáneo de Navarra (ACN).** Se parte del fondo documental facilitado por el Archivo Contemporáneo de Navarra, que incluye material gráfico y textual original de las distintas promociones.

- **Entrevistas con agentes clave**. Se han realizado entrevistas con la ciudadanía y personal técnico de las administraciones locales y forales, así como con personas expertas en la materia, cuya visión sobre cada ámbito resulta clave para entender el paisaje residencial.

- **Paseos participativos.** En el marco de las Jornadas Europeas del Patrimonio de 2023, se convocaron dos paseos en los que se recorrió el Poblado de Potasas (Beriáin) y los grupos San Pedro, Alzania, Zumalacárregui, Urbasa y Santa Lucía (Alsasua). Estos paseos han permitido recoger las vivencias cotidianas de las personas, así como poner en común percepciones y subjetividades.

- **Análisis de datos estadísticos.** El análisis de condicionantes se apoya en el contraste de información cuantitativa. Se consultaron para ello fuentes como el Instituto Nacional de Estadística (INE), Instituto de Estadística de Navarra (Nastat) o el visor de Vulnerabilidad socioeconómica y edificatoria del Gobierno de Navarra.

- **Trabajo de campo.**

ESCUCHAR Y TRANSFORMAR LA CIUDAD Y EL TERRITORIO

Como filosofía de fondo, se parte de la metodología "Escuchar y transformar la ciudad" elaborada por Paisaje Transversal y difundida a través de una publicación en 2018. Esta propone que la mejora y regeneración de nuestras ciudades y territorios requiere de dos fases indispensables: **en primer lugar un análisis profundo y una escucha activa de todas las miradas y elementos que componen nuestros hábitats, y en segundo lugar una actitud proactiva de cambio y transformación.**

La primera fase implica plantearse qué es o quiénes conforman la ciudad: no solo su realidad física e instituciones implicadas, sino también quién la habita y la define. Es decir, escuchar al territorio y su población, midiendo su actividad, sus funciones, condiciones físicas y, por supuesto a la propia naturaleza (Serres, 2004). Mediante estos datos tanto cuantitativos como cualitativos podemos realizar el **diagnóstico que combina la visión técnica con la participación y percepción ciudadana**.

Y tras este paso debe comenzar la transformación. Se identifican los problemas, las necesidades y las potencialidades tanto de los barrios como de las personas que la habitan, **se concreta y planifica la estrategia**: el camino para definir nuestros objetivos en esta segunda fase y, más adelante, las líneas de actuación que se convertirán en **proyectos o actuaciones concretas**. Se deben hacer partícipes a los agentes sociales de las ideas que se empiezan a perfilar, y solo cuando se ha consensuado, se comienza la fase de diseño de proyectos y acciones que culmina en la ejecución de estos. Una forma de actuar que se enmarca siempre dentro de la mirada integral y estratégica que se ha resaltado.

1.3. Marco teórico y normativo

PAISAJE TRANSVERSAL

La elaboración de la serie de guías de paisaje busca orientar la planificación y el desarrollo de aquellos planes, proyectos y actividades con capacidad de transformación del territorio en diversos ámbitos específicos como son: las actividades extractivas (01), la concentración parcelaria (02), las áreas de actividad económica (03), las actividades agroganaderas (04) y el contacto urbano rural (05). A estos trabajos anteriormente publicados se sumará esta que aquí se presenta.

Esta guía, que contempla áreas residenciales de promoción pública que se construyeron en Navarra ente 1950 y 1985, ofrece reflexiones y aportaciones concretas y positivas al entramado de regulación urbanística, territorial y paisajística de la Comunidad Foral desarrollado en las últimas décadas, pudiendo aplicarse no sólo a los ámbitos recogidos expresamente en la guía, sino también a otros conjuntos y paisajes urbanos edificados en aquella época.

CONVENIO EUROPEO DEL PAISAJE

Desde que fuera aprobado en Florencia en el año 2000, el Convenio Europeo del Paisaje es el documento marco que ha dirigido todas las políticas comunitarias sobre paisaje. En el caso de esta guía, su visión es especialmente clave puesto que los barrios de vivienda obrera no siempre han sido objeto de valor histórico o estético y es el propio Convenio quien nos recuerda que "el paisaje urbano es un elemento importante de la calidad de vida de las poblaciones (...) en los espacios de reconocida belleza excepcional y en los más cotidianos."

PLANES DE ORDENACIÓN TERRITORIAL DE NAVARRA

El conjunto de **Planes de Ordenación Territorial (POT)** que organizan Navarra en cinco ámbitos territoriales constituyen un documento común para todos y, en cierto sentido, resumen sus criterios paisajísticos en el Anexo PN9 sobre Paisaje. Este establece pautas generales para la elaboración de estudios específicos sobre la incidencia en el paisaje de los nuevos desarrollos urbanos, infraestructuras y otras actividades con incidencia territorial significativa.

Más concretamente, en su apartado "**8. Criterios para la protección del paisaje urbano**", define criterios para el paisaje de la Periferia Urbana, como los siguientes: "la protección paisajística exige un análisis y consideración específica de aspectos relacionados tanto con la percepción lejana y visión panorámica del perfil urbano del asentamiento, como con su percepción próxima, que reclama un cuidado especial a su homogeneidad material y continuidad volumétrica". O determina, en contra de la fisionomía de los grupos de bloque abierto: "Es determinante que se excluyan repeticiones volumétricas y estéticas de los nuevos edificios, para cualquier tipo de casco urbano consolidado, incluido su entorno." De donde se interpreta la necesidad de tratar los ámbitos residenciales objeto de esta guía con unos criterios paisajísticos de conjunto que requiere un cuidado y análisis específico.

En este contexto, los **Documentos de Paisaje de Navarra** ofrecen valiosa información. Su enfoque permite reconocer otros lugares en Navarra como paisajes urbanos relevantes, no solo por sus características pintorescas o históricas, sino también por el tratamiento específico que merecen. Por ejemplo, el documento de paisaje del POT5 identifica y caracteriza los pueblos de colonización de Navarra como paisajes de atención especial, donde se destaca la necesidad de abordar estos lugares con un enfoque que va más allá de lo pintoresco o histórico, reconociendo su singularidad y aplicando un tratamiento acorde con su identidad y contexto.

PROGRAMAS DE REGENERACIÓN URBANA

Desde la década de los 80, diferentes administraciones públicas han detectado la necesidad de regenerar los barrios construidos durante el éxodo rural que se produjo con la industrialización del país en las décadas previas. Muchos programas y actuaciones en todas las poblaciones del país han trabajado sobre esta problemática; ejemplos paradigmáticos son "Barrios en Remodelación" en Madrid o el "Pla de Barris" de Barcelona, planes de regeneración llevados a cabo con presupuestos propios municipales, provinciales o autonómicos, o con el apoyo del Fondo Europeo de Desarrollo Regional FEDER a través de los programas Iniciativas Urbanas, Urban o más recientemente las EDUSI.

Igualmente, a partir de los años 80, las administraciones estatal, de Navarra y de los ayuntamientos han apostado por la política rehabilitadora que ha tenido incidencia en los barrios o núcleos residenciales construidos antes de esa fecha, incidencia que procede incrementar con el ejemplo de las actuaciones ya hechas y, últimamente, con las ayudas europeas Next Generation, reforzadas por las importantes del Gobierno de Navarra y las municipales, entre las que destacan las del Ayuntamiento de Pamplona.

Las actuaciones cuyo ámbito excede de la edificación aislada, refiriéndose a conjuntos más amplios, se contemplan en la regulación de los **Proyectos de Intervención Global (PIG)** del Decreto Foral 61/2013, de 18 de septiembre, que atañe a las llamadas Áreas de Rehabilitación Preferente (ARP), donde se actúa de modo coordinado mediante planes especiales que afectan a los edificios y a los espacios libres. Las declaraciones de ARP llevan aparejada la reserva de una partida económica por parte de los Ayuntamientos.

Es destacable el impulso del Gobierno de Navarra, de su empresa Nasuvinsa y de las Oficinas de Rehabilitación que, desde la primera en constituirse a principios de los años 80 por el Ayuntamiento de Pamplona, han ido extendiéndose hasta cubrir toda la geografía foral. La acción de estos entes, más otros públicos, como Pamplona Centro Histórico, y particulares privados, afectan a estos barrios del periodo 1950-1985, siendo buenos ejemplos la actuación Lourdes Renove, en el barrio de viviendas protegidas de Tudela, y las actuaciones Efidistrict Txantrea en el barrio de viviendas protegidas de la Chantrea en Pamplona, ambas lideradas por Nasuvinsa.

Actualmente, tras las crisis del COVID, la Comisión Europea ha lanzado el ambicioso programa de ayudas Next Generation. En el caso de Navarra, los distintos programas MRR Edificios y MRR Barrios, junto con la posibilidad de acceder a mayores ayudas de Gobierno de Navarra por estar en Proyectos de Intervención Global (PIG), ha posibilitado un importante impulso a la mejora de barrios más obsoletos. Por parte del Ayuntamiento de Pamplona, estas actuaciones se han complementado con importantes ayudas a través de su Oficina Municipal de Rehabilitación Urbana.

Esta guía busca servir de apoyo para que estas intervenciones ayuden a impulsar y reforzar los valores paisajísticos e históricos que estas colonias de vivienda social presentan, y que no siempre son tenidos en cuenta.

Figura 3. Adecuación de la envolvente en los 100 pisos, Calle Azut, Tudela. Fuente: Margallo y Orgambide, MO arquitectos.

2. Las áreas residenciales del periodo 1950-1985 en Navarra

Figura 4. Beriáin, Potasas, año 1963.
Fuente: Fototeca Archivo Contemporáneo de Navarra (ACN).

2.1. Contexto histórico

Esta guía analiza las promociones de vivienda llevadas a cabo por la Administración Central en Navarra entre 1950 y 1985, año en que las competencias en materia de vivienda se trasfieren a la Administración Foral. Durante este periodo se recorren diferentes etapas de la historia contemporánea, en las que se suceden distintas políticas de vivienda que han dado lugar a diferentes tipologías residenciales y de paisaje resultante.

La producción pública de vivienda colectiva del periodo de posguerra en Navarra, aunque con particularidades locales, responde a una coyuntura social, económica y política que comparten muchos pueblos y ciudades del territorio estatal y que hace que sea fácil trazar nexos y encontrar características comunes en todas ellas. Estos polígonos de bloque abierto -así conocidos por su estructura lineal y paralela en bloques o hileras- siguieron los estándares urbanísticos de la época, que se basaban en los principios del movimiento moderno y que buscaban la extrema racionalidad y la eficiencia espacial y constructiva. El resultado muestra barrios de apariencia austera y minimalismo estético y que, por las estrecheces de la época presentan una mala calidad constructiva, inexistente aislamiento y accesibilidad, y espacios públicos anodinos poco o nulamente equipados. A esta problemática estética y de mantenimiento, y por tanto paisajística, se añade la dificultad de la financiación de su mejora. La población propietaria de estos grupos residenciales es comúnmente población vulnerable y de rentas medias bajas, ya que fueron estas las únicas viviendas a las que pudo acceder en el momento de su construcción, así como en el éxodo migratorio más reciente de los años 90.

Estas promociones trataban de dar respuesta rápida a las nuevas necesidades habitacionales derivadas de un modelo económico y territorial en transformación,

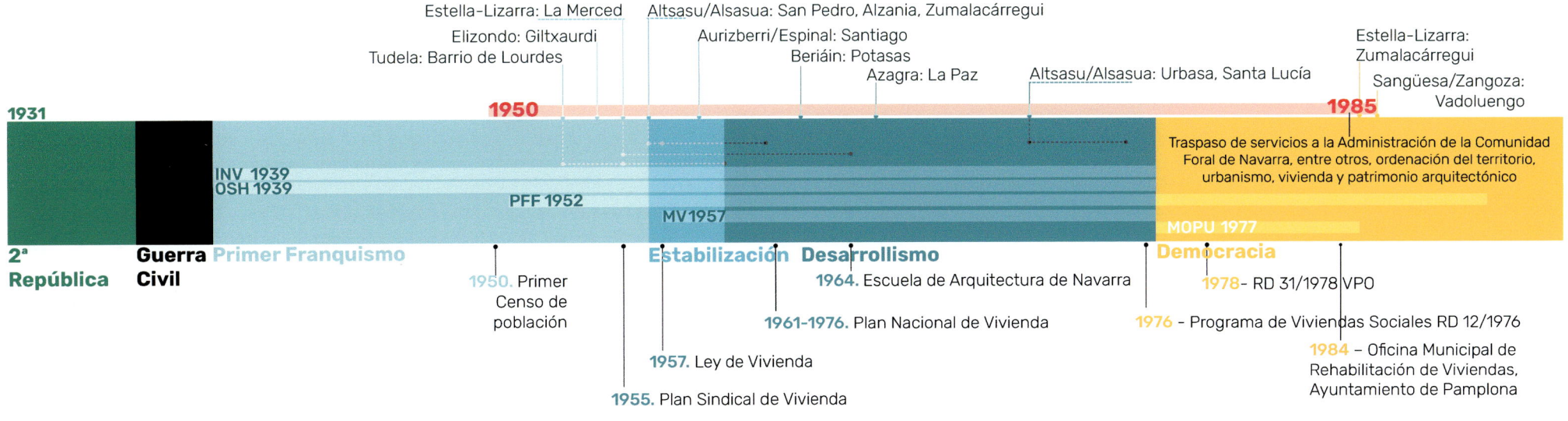

INV: Instituto Nacional de Vivienda
OSH: Obra Sindical del Hogar y Arquitectura
PFF: Patronato Francisco Franco
MV: Ministerio de Vivienda
IPPV: Instituto para la Promoción Pública de la Vivienda
MOPU: Ministerio de Obras Públicas y Urbanismo

Figura 5. Cronología.

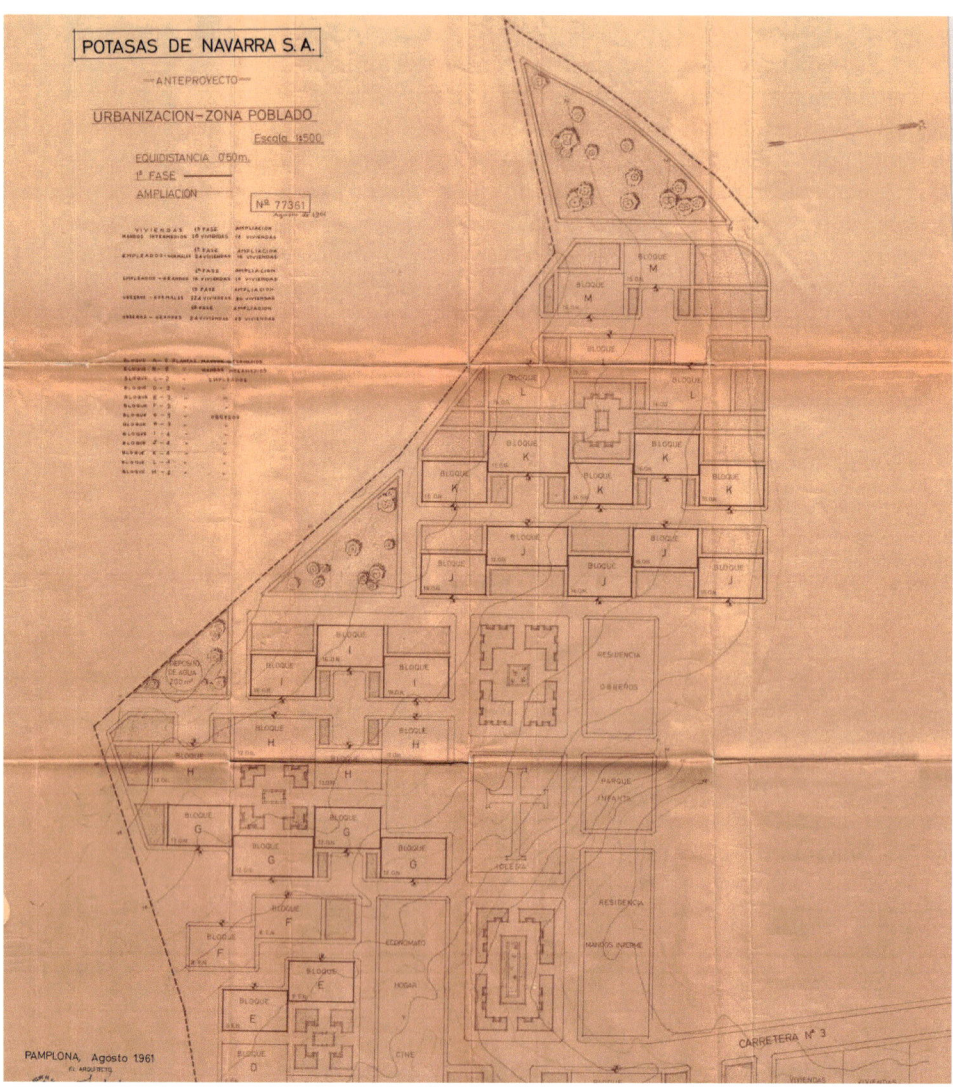

Figura 6. Plano de urbanización, Potasas, Beriáin. Fuente: ACN. Vivienda. 213315/6.

ya fuera por la llegada de nuevos residentes a núcleos en auge económico, o por el desarrollo dirigido de nuevos asentamientos.

En el caso de Navarra, la promoción estatal desarrolló aproximadamente 200 grupos residenciales, alcanzando casi las 14.000 viviendas. Cinco de las promociones formaron núcleos diseñados de nueva planta -cuatro poblados de colonización y el poblado de Potasas-; el resto dio paso a nuevos barrios asociados a núcleos consolidados. Estos nuevos desarrollos urbanos sirvieron en muchos casos de ejemplo e inspiración en una época en la que el planeamiento no estaba consolidado, y marcaron en gran medida el paisaje, no solo de las mismas promociones, sino también de promociones privadas posteriores.

Todas ellas fueron viviendas que se entregaron en régimen de venta a las nuevas personas residentes, locales o migrantes, que a través de diferentes fórmulas pasaron a ser propietarias de las mismas. El fomento de la vivienda en propiedad supuso una pieza clave para el impulso del sector de la construcción, el desarrollo económico y la transformación territorial.

Durante la guerra civil y el periodo autárquico, que comprende el periodo de los años que transcurren desde el final de la guerra civil en 1939 hasta 1959 cuando se aprueba el plan nacional de Estabilización, se acumuló una importante carencia de viviendas en los entornos urbanos, acompañada de una falta de capacidad adquisitiva de su población. Aumentaron entonces las chabolas y viviendas inadecuadas o insalubres, como las ubicadas en cuevas, en muchos pueblos de Navarra. En los años 50 comienza el desarrollo de promociones estatales a través de entidades como el Instituto Nacional de la Vivienda (INV), el Patronato Francisco Franco o la Obra Sindical del Hogar y Arquitectura (OSH) impulsando así el masivo acceso a la propiedad a bajo coste para el sector de población de menor capacidad económica. El arquitecto Domingo Ariz firma gran parte de estas promociones. Muchas de las promociones desarrolladas en los años 50 responden a tipologías rurales, de baja densidad y todavía vinculadas a usos y costumbres agrarias (casas con patio, espacio de almacenaje anexo, estética regionalista, etc.).

Figura 7. Foto aérea histórica, Potasas, Beriáin, 1967. Fuente: Fototeca ACN.

Con la etapa del desarrollismo, periodo de crecimiento de la economía comprendido entre 1959 y 1974, aumentó el éxodo rural, vinculado a la aceleración del desarrollo industrial y al auge de las ciudades y de los núcleos más activos. Los procesos migratorios, junto con el aumento de la tasa de natalidad, incrementaron de forma exponencial las necesidades habitacionales y fueron los bloques de vivienda colectiva los que, con diferencias espaciales y materiales, trataron de dar respuesta al gran problema habitacional. Los rasgos arquitectónicos y urbanísticos de estas promociones de vivienda se apoyan en la estandarización de la vivienda económica y funcional, guiados en gran medida por sus criterios productivistas.

Aunque a partir de 1975 el suelo masivamente urbanizado fue promovido mayoritariamente por iniciativa privada, encontramos en Navarra diferentes ejemplos aún promovidos por el Ministerio de Obras Públicas y Urbanismo.

En las diferentes épocas, la motivación de los distintos desarrollos marca tanto su ubicación en relación a los núcleos poblacionales como la jerarquización de las edificaciones residenciales o el desarrollo de dotaciones asociadas. Destaca el caso del poblado de Potasas, ubicado junto a la mina, que incorpora las dotaciones necesarias para acoger a nuevas familias en el propio ámbito, y segrega espacialmente las viviendas en función del puesto que ocupan sus residentes (viviendas para altos mandos, mandos intermedios y obreros). Las diferencias culturales entre personas migrantes de otras regiones y las locales, ligadas a segregaciones espaciales, han llegado, en algunos casos, a marcar diferencias entre los nuevos y los viejos barrios que permanecen aún hoy en día.

Se debe tener en cuenta, además, que las condiciones sociales derivadas de la migración estaban marcadas por situaciones de desigualdad, dando lugar a barrios con un tejido sociocultural y económico diferenciado en algunos casos, o marginales en otros.

2. Las áreas residenciales en el periodo 1950-1985 en Navarra

Integración del paisaje en la regeneración integral de barrios de iniciativa pública. Periodo 1950-1985 en Navarra

2.2. Evolución de las áreas residenciales

La evolución de cada una de las áreas residenciales desde su construcción hasta nuestros días configura en gran medida su paisaje actual y nos ayuda a caracterizarlas.

Una de las cuestiones clave es su **localización** con respecto a los núcleos o actividades de su entorno próximo, ya sean residenciales, rurales o industriales. Algunos polígonos de viviendas, ubicados originalmente a las afueras de los núcleos, pasan a ser barrios consolidados y conectados de la trama urbana, como es el caso del grupo La Paz en Azagra, o los grupos San Pedro y Zumalacárregui en Alsasua. Otros, como el barrio de La Merced en Estella-Lizarra, arrastran y padecen su condición de entorno desconectado desde su construcción.

Destaca el caso del poblado de Potasas, en Beriáin, ubicado junto a la planta minera para dar alojamiento a los trabajadores de la misma. A pesar del cierrre en 1985 de la planta, Potasas conserva una identidad muy relacionada con la minería, y en su paisaje urbano actual queda patente la actividad industrial, pasada y presente.

A finales del siglo XX e inicios del XXI, la mayoría de pueblos y ciudades experimentan los efectos del gran desarrollo urbanístico que marca el paisaje urbano residencial de los pueblos, especialmente en los casos, como el de Tudela, en el que las áreas analizadas quedan embebidas en barrios con tipologías edificatorias de mayor impacto.

A menor escala, cabe recalcar la **tranformación de las propias parcelas**, sobre todo en el caso de las tipologías unifamiliares con espacio libre privado. La apropiación que de las construcciones básicas hicieron los vecinos desde los primeros años ha ido diversificando una trama en origen homogénea. Hoy en día, a las diferencias evidentes en materialidad, gama cromática o elementos de fachada, se unen el impacto de nuevas construcciones auxiliares o principales que en algunos casos llegan incluso a colmatar las parcelas. La normativa urbanística que regula las posibilidades de intervención en estas áreas es diferente en cada municipio.

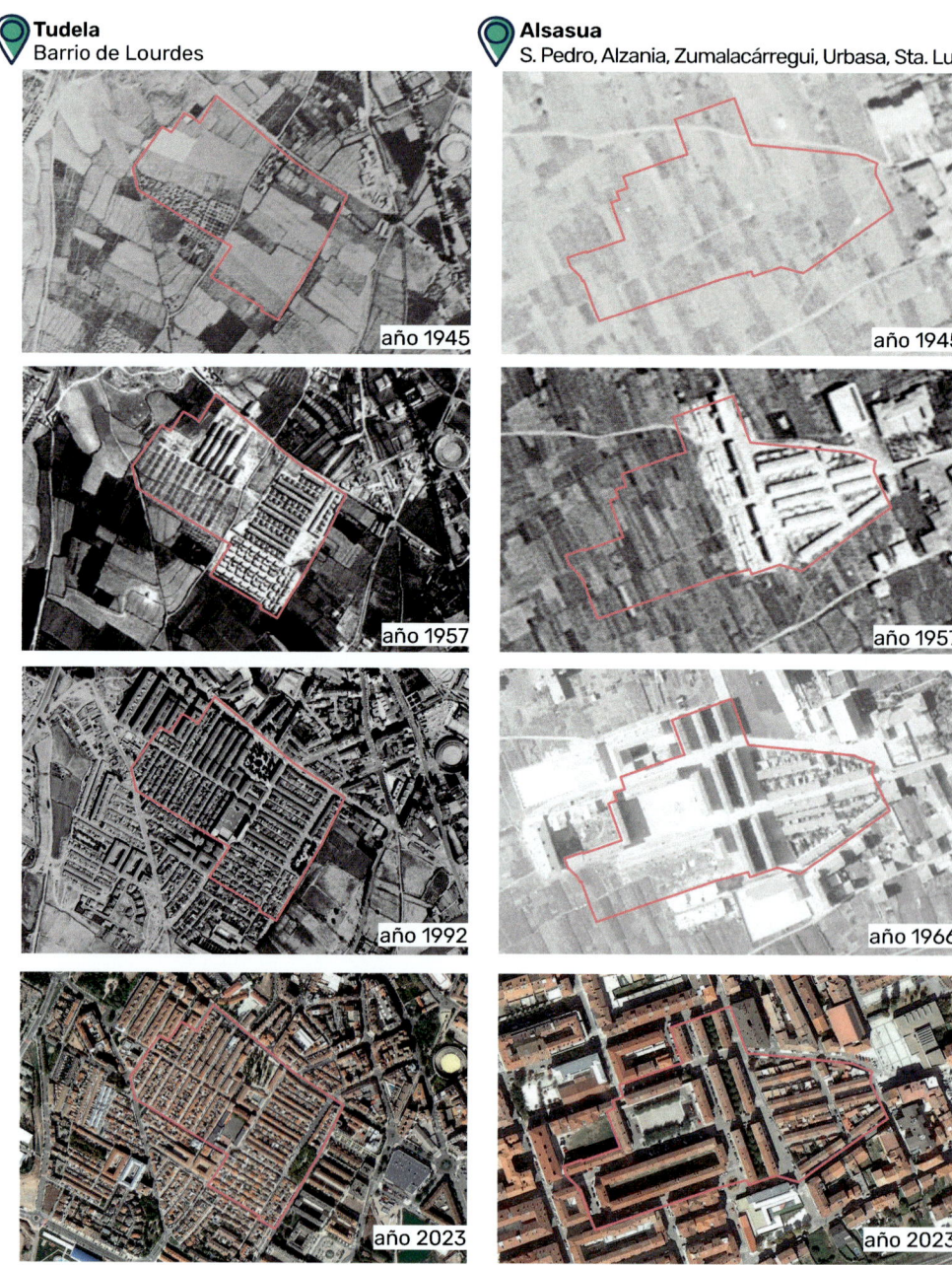

Figura 8. Ortofotos de crecimiento urbano, Tudela y Alsasua. Fuente: Geoportal de Navarra.

Otra transformación sustancial que marca la evolución del paisaje residencial es el **cambio de uso** que se percibe especialmente en los equipamientos asociados a las áreas residenciales, como es el caso del cine o el economato del poblado de Potasas, actualmente reconvertido en centro cultural, biblioteca y espacio comercial (aunque con locales cerrados). En menor medida, este cambio de usos se percibe en los locales comerciales de algunos de los bloques de vivienda, o en las construcciones auxiliares de apoyo a la actividad rural (gallineros, almacenaje de aperos, leñeros) de algunas promociones.

Por su impacto en el paisaje residencial, cabe reseñar la **aparición y auge del coche** como vehículo de uso familiar o personal, un modo de transporte para el que los desarrollos residenciales de las primeras etapas no estaban preparados, ni dentro ni fuera de las edificaciones. Actualmente, la proliferación de vehículos aparcados en las calles y plazas de los diferentes ámbitos, así como el tráfico rodado denso en algunas de ellas, condiciona tanto la percepción sensorial como el día a día en los espacios libres, en la mayoría de los casos deteriorando el paisaje y el ambiente urbano.

Destacan las transformaciones derivadas de las necesarias medidas de **adaptación a requerimientos urbanos y arquitectónicos actuales,** tanto de confort habitacional como de respuesta al cambio climático, como medidas para mejorar la accesibilidad, la eficiencia energética, la naturalización, etc. En muchos desarrollos residenciales ya se han realizado intervenciones para la colocación de ascensores, paneles solares o envolventes térmicas, o la reducción de barreras arquitectónicas.

Por último, señalar que, en contraste con el pasado, donde la eliminación de barreras arquitectónicas no era prioritaria, en la actualidad, especialmente en bloques de altura, asegurar la accesibilidad se ha convertido en un desafío central para los conjuntos residenciales. Garantizar que todos los residentes puedan disfrutar plenamente de su entorno residencial es ahora una prioridad, reflejando un **cambio fundamental en la perspectiva del diseño urbano**. Este enfoque inclusivo no solo suprime obstáculos, sino que aboga por entornos que consideren la diversidad de las necesidades individuales, fortaleciendo así la cohesión y sostenibilidad de las comunidades.

Figura 9. Tudela, año 1954. Fuente: ACN. Memoria del Patronato Benéfico de la Construcción Francisco Franco. MCML-MCMLV. 243411/1

Figura 10. Tudela, año 2023.

CARACTERÍSTICAS SOCIODEMOGRÁFICAS COMPARADAS

Todos los ámbitos residenciales analizados se ubican junto a núcleos de población que no superaban en 1950 los 10.000 habitantes y llegaron a suponer, en algunos casos, un gran impulso para fijar su población. Casi todos ellos fueron aumentando progresivamente su población durante el siglo XX, aunque destaca el caso de los municipios pirenáicos, donde la pérdida de población fue constante desde 1950.

La vulnerabilidad socioeconómica marcó en origen a los pobladores de estas áreas; aunque no en todas ellas sigue patente, sí permanece en algunos casos, donde los indicadores de vulnerabilidad socioeconómica y residencial son mayores que los de otros barrios del municipio. En general, son barrios donde el envejecimiento poblacional, el índice de dependencia o la tasa de migración exterior son mayores que en el resto del núcleo y con una renta per cápita menor.

Las diferencias sociodemográficas entre los diferentes municipios analizados también son de interés para contextualizar el análisis del paisaje residencial realizado sobre las áreas seleccionadas. Según los indicadores municipales del Instituto de Estadística de Navarra, NATSAT (2021-2022), mientras que municipios como Erro, Sangüesa, Tafalla o Estella-Lizarra cuentan con un índice de envejecimiento mucho mayor que la media Navarra, otros como Beriáin cuentan con una población mucho más joven. En todos los municipios analizados la renta media por hogar es más baja que la media Navarra; la renta personal presenta mayor desigualdad entre hombres y mujeres en los municipios de Erro y Baztan. De los analizados, los municipios que cuentan con mayor tasa de riesgo de pobreza son Estella-Lizarra, Tafalla, Tudela y Azagra. La tasa de paro más alta se localiza en Alsasua. Según datos de la Estadística del Padrón Continuo del Instituto Nacional de Estadística, INE (2021), el porcentaje de personas de nacionalidad extranjera es mayor en Azagra (16%) y Tudela (15%).

Estas diferencias sociodemográficas entre municipios singularizan las problemáticas y potencialidades residenciales y condicionan la regeneración urbana.

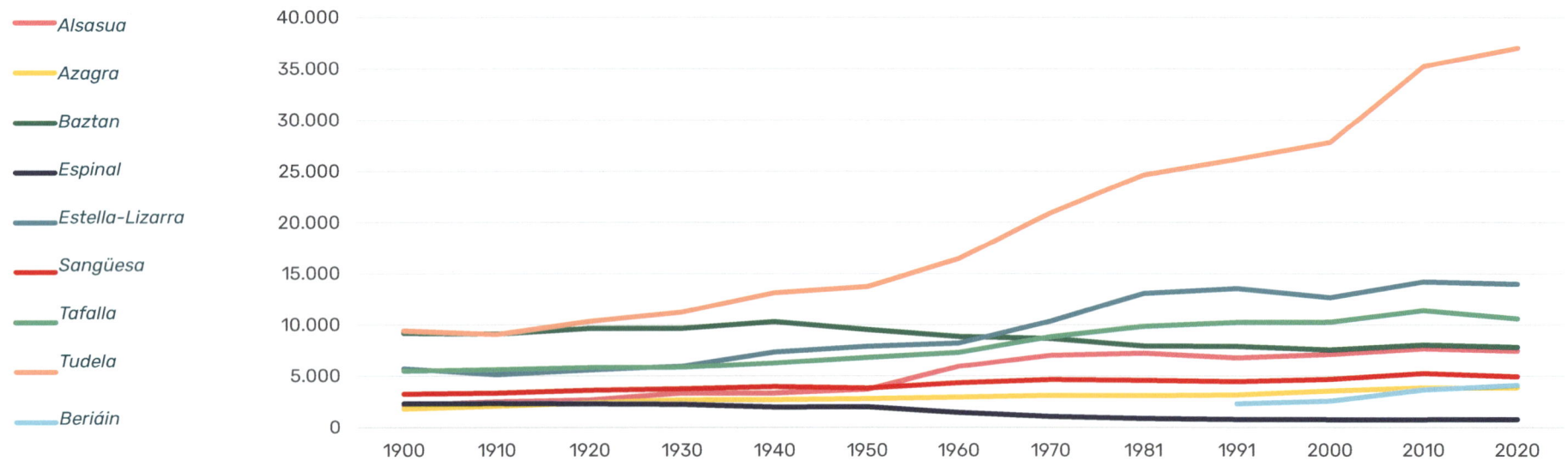

Figura 11: Evolución comparada de población. Elaboración propia. Fuente: INE 2021. *Los datos de Beriáin se reflejan desde 1992 tras su desanexión de Galar.

2.3. Características territoriales, medioambientales y paisajísticas

Las casi 14.000 viviendas desarrolladas por el Estado en Navarra se encuentran dispersas por todo el territorio foral, adaptándose a entornos muy diferentes en función de las características medioambientales y paisajísticas de cada zona. Las promociones residenciales analizadas en esta guía han querido ser reflejo de la diversidad territorial Navarra, por lo que han sido seleccionadas, entre otros parámetros, por su ubicación.

Las distintas promociones se enclavan en zonas que transitan desde los relieves de las montañas pirenaicas y vasco-cantábricas, al norte, hasta la depresión del Ebro, al sur. Deben adaptarse tanto al clima húmedo del norte de la comunidad, con abundantes precipitaciones todo el año y un paisaje eminentemente forestal y ganadero, como a los ambientes mediterráneo-continentales del sur: secos, con precipitaciones escasas y un paisaje principalmente agrario.

El municipio de **Espinal**, enclavado en el valle pirenaico de Erro, se enmarca en un paisaje montañoso y poco poblado. En la Navarra Atlántica se encuentran los municipios de **Elizondo,** en los Valles Cantábricos**,** donde domina el paisaje verde y de caserío y un clima templado y húmedo, y **Alsasua**, en los Subcantábricos, surcado por infraestructuras. Cerca de Pamplona, y condicionado por la influencia de su área metropolitana está **Beriáin**, en el Área Central. En las Zonas Medias occidentales, **Estella-Lizarra,** centrales, **Tafalla** y orientales, **Sangüesa**. Hasta, por último, en el extremo sur de la Comunidad Foral, en el Eje del Ebro, **Tudela** y **Azagra**, con paisajes áridos donde dominan las temperaturas templadas, la falta de lluvias y el cierzo.

Las características territoriales de cada uno de los núcleos marcan, además de su evolución política, económica y cultural, las características arquitectónicas de las edificaciones residenciales, ya sea por funcionalidad o por la adaptación a las arquitecturas tradicionales.

Esta diversidad territorial viene acompañada de la diversidad cultural y lingüística de las diferentes zonas de Navarra, patente desde distintas subjetividades en su paisaje residencial.

Del norte a sur y de este a oeste, se halla Navarra materialmente cubierta por nuestras obras.

Es difícil recorrer algún camino de Navarra sin advertir la presencia de construcciones u obras del Patronato. Procuran nuestros técnicos que los núcleos de viviendas armonicen con el paisaje, de manera que la presencia de algún detalle hermane nuestras construcciones con las propias y características de cada comarca.

Figura 12. Mapa de Navarra con localización de obras del Patronato Francisco Franco. Fuente: ACN. Memoria del Patronato Benéfico de la Construcción Francisco Franco. MCML-MCMLV. 243411/1

Listado completo de todos los municipios con áreas residenciales de promoción pública del periodo 1950-1985 en Anexo II al final de la Guía.

3.
Caracterización del paisaje

3.1. Ámbitos de estudio

3.2. Análisis de condicionantes

ALSASUA

ESPINAL

AZAGRA

BERIÁIN

ELIZONDO

ESTELLA-LIZARRA

SANGÜESA

TAFALLA

TUDELA

3.3. Diagnóstico: valores y fragilidades del paisaje

Figura 13. Azagra.

3. Caracterización del paisaje

Integración del paisaje en la regeneración integral de barrios de iniciativa pública. Periodo 1950-1985 en Navarra

3.1. Ámbitos de estudio

En el proceso de caracterización e identificación del paisaje residencial de Navarra correspondiente al periodo estudiado, así como de sus valores y fragilidades, se ha mantenido una visión global de las distintas promociones residenciales en el territorio navarro. Se ha abarcado el conjunto del territorio foral con el fin de tratar de reconocer en qué medida el planteamiento de cada una de las promociones responde a la diversidad y singularidad paisajística de Navarra.

En consecuencia, para el análisis de condicionantes, se han seleccionado diez casos de estudio ubicados en nueve municipios de la Comunidad Foral que sirven como ejemplo. Cada uno de ellos se localiza en una de las zonas paisajísticas de Navarra delimitadas por el Gobierno de Navarra en 2023, a partir del desarrollo técnico de las unidades y tipos de paisaje establecidos en los Documentos de Paisaje de Navarra.

Localidad	Nombre conjunto	Año	Zonas paisajísticas / Unidad de paisaje
ALSASUA	Grupos San Pedro, Alzania, Zumalacárregui, Urbasa, Santa Lucía	1956-1975	Valles Subcantábricos/ Corredor del Arakil
ESPINAL	Barrio Santiago	1958	Pirineos, Valle de Erro y Burguete
AZAGRA	Grupo La Paz	1965	Ribera Alta del Ebro/ Vega del Ebro entre Lodosa y Castejón
BERIÁIN	Poblado de Potasas	1962	Cuencas prepirenaicas/ Cuenca de Pamplona
ELIZONDO	Giltxaurdi-Azanborda	1954-1955	Valles cantábricos/ Baztan Ugaldea
ESTELLA-LIZARRA	Barrio de la Merced	1955-1964	Navarra media occidental/ Valle del Ega en Estella-Lizarra
ESTELLA-LIZARRA	Zumalacárregui	1984	Navarra media occidental/Valle del Ega en Estella-Lizarra
SANGÜESA	Promoción Vadoluengo	1985	Navarra media oriental/ Vega del Aragón en Sangüesa
TAFALLA	Grupo San Sebastián	1953	Riberas del Aragón, Cidacos y Arga/ Plana de Olite y Tafalla
TUDELA	Barrio de Lourdes	1954-1959	Ribera baja del Ebro/ Valle del Queiles

Figura 14. Ubicación de las áreas. Fuente: Elaboración propia a partir de la Cartografía de paisaje, fase I, Dirección General de Ordenación del Territorio, Gobierno de Navarra, 2023

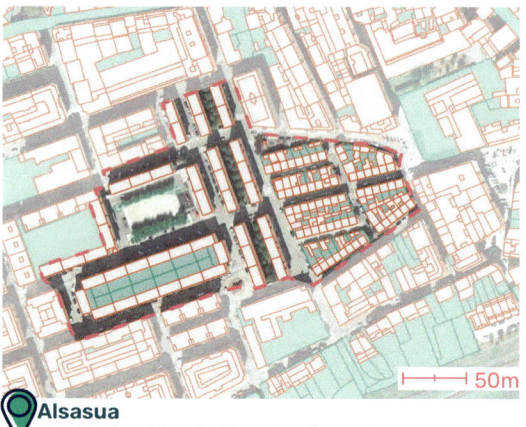

Alsasua
San Pedro, Alzania, Zumalacárregui, Urbasa,
Sta. Lucía, 380 viviendas

Elizondo
Giltxaurdi, 26 viviendas

Espinal
Barrio de Santiago, 6 viv.

Sangüesa
Vadoluengo, 67 viviendas

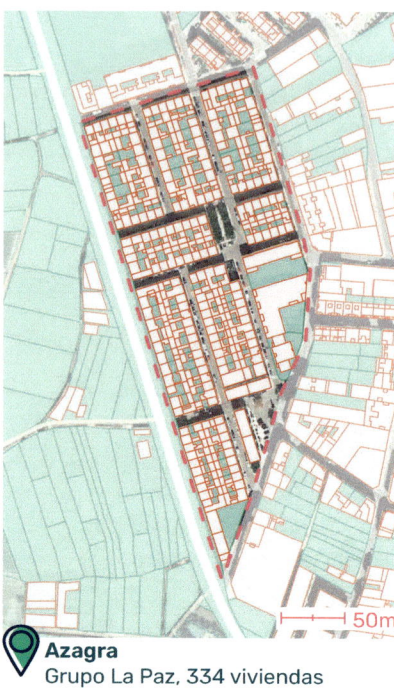

Azagra
Grupo La Paz, 334 viviendas

Estella-Lizarra
La Merced-Izarra, 124 viviendas. Zumalacárregui, 36 viv.

Tafalla
San Sebastián, 40 viviendas

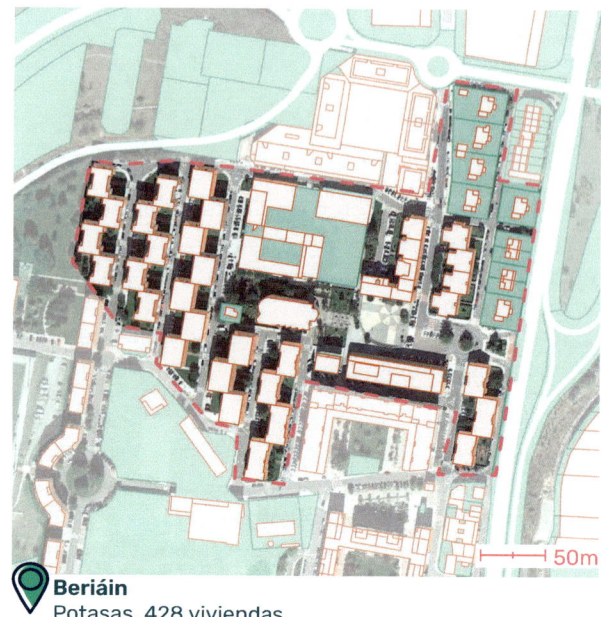

Beriáin
Potasas, 428 viviendas

Tudela
Barrio de Lourdes, 596 viviendas

Figura 15. Áreas residenciales. Elaboración propia.

3.2 Análisis de condicionantes

Estructura y morfología urbana

Condicionantes derivados del tejido urbano y el diseño arquitectónico, tanto de los espacios domésticos y los comunitarios como de los espacios públicos. Se analiza también la relación de cada área con la trama urbana del núcleo en el que se ubica.

Medioambiente urbano

Se analiza la relación de cada área con el paisaje más natural, identificando la vegetación y biodiversidad de cada área, el confort ambiental o las soluciones de infraestructura verde o azul implementadas.

Usos y actividad

Análisis de la distribución de usos residenciales, equipamientos, actividad comercial, industrial o rural en cada área. Se contemplan también los usos más cotidianos (recorridos, actividad en el espacio público, etc.) en la medida que condicionan el paisaje residencial y al mismo tiempo se ven afectados por el mismo.

Percepción y afectos

El arraigo de la población, la memoria colectiva o el sentimiento de barrio tiene su reflejo en el paisaje más cotidiano. Se identifican también elementos perceptivos y sensoriales que condicionan las vivencias del día a día: paisaje sonoro, olfativo, visual, etc. Aunque la perspectiva de género es transversal a los distintos bloques, tiene una incidencia especial en el análisis de las subjetividades.

Tejido social y vulnerabilidad urbana

Las condiciones sociales, económicas o culturales de la población han demostrado ser un factor determinante a la hora de emprender proyectos de regeneración urbana. Se tienen en cuenta datos estadísticos (fuente: NATSTAT e INE 2022) y también parámetros de vulnerabilidad* social y edificatoria (accesibilidad, eficiencia energética).

Normativa, planes y proyectos

La regulación específica de cada municipio sobre las áreas residenciales ha condicionado en gran medida su evolución. Además, el impulso de proyectos de regeneración urbana en algunas de las áreas sirve de referencia para futuras intervenciones.

*El análisis se apoya en el Visor de vulnerabilidad social y edificatoria de Navarra. Se identifican tres tipos de vulnerabilidad: eficiencia energética, accesibilidad y socioeconómica, y se aplica a cada área un Grado en función de si se cumplen los tres parámetros (Grado 1), dos de ellos (Grado 2 o Grado 3), o uno de ellos (Grado 4), siendo 1 el grado de mayor vulnerabilidad.

3. Caracterización del paisaje

Integración del paisaje en la regeneración integral de barrios de iniciativa pública. Periodo 1950-1985 en Navarra

Alsasua

Ámbitos de estudio

	Nombre	Nº viv.	Año	Promotor	Arquitecto
1	San Pedro	60	1956	Patronato Francisco Franco	
2	Alzania	128	1957		
3	Zumalacárregui	80	1960	Obra Sindical del Hogar y Arquitectura	
4	Urbasa	48	1967		Domingo Ariz
5	Santa Lucía	64	1975	Instituto Nacional de la Vivienda	

La gran transformación de Alsasua llega con el siglo XX de la mano del ferrocarril y del auge de las actividades económicas en la Villa. En los años 50, el marcado desarrollo industrial conlleva un gran proceso migratorio procedente de diferentes zonas del estado (principalmente Extremadura, Andalucía y Castilla y León). La población del municipio se incrementa un 60% entre 1950 y 1960, y un 90% entre 1950 y 1970. Los grupos San Pedro y Alzania dan respuesta a la llegada de nuevos residentes, ocupando suelos hasta entonces agrícolas al oeste del núcleo. Las siguientes promociones analizadas, colindantes, continúan la expansión residencial, hasta que a partir de 1980 el barrio queda colmatado e integrado en la nueva trama urbana.

Figura 16. Ortofotos de área residencial en Alsasua. Fuente: Geoportal de Navarra.

 Estructura y morfología urbana

Cada grupo analizado cuenta con tipologías residenciales diferentes, que condicionan el paisaje residencial dependiendo de la altura de las edificaciones, el tipo de viviendas, la densidad habitacional, etc.

San Pedro [1], de baja densidad, se compone de unifamiliares en hilera con patios traseros, algunos de los cuales se han ocupado con edificaciones auxiliares. Esta situación otorga a las fachadas traseras un aspecto heterogéneo y discontinuo, mientras que en las fachadas principales prima la homogeneidad, tanto formal como estética. Esta promoción conserva elementos invariantes de aire regionalista: zócalos y esquinas de piedra, arcos de entrada a las viviendas, ventanas y contraventanas de madera, aleros de madera, etc.

Las siguientes promociones construidas, Alzania [2] y Zumalacárregui [3], se desarrollan siguiendo una trama ortogonal, con edificaciones de vivienda colectiva en

Figura 17. Grupo Alzania.

3. Caracterización del paisaje

Integración del paisaje en la regeneración integral de barrios de iniciativa pública. Periodo 1950–1985 en Navarra

bloque abierto. En Alzania surgen, entre bloque y bloque, espacios comunitarios, naturalizados y de libre acceso, cuya función en la trama actual supone un beneficio paisajístico y urbanístico, a pesar de que su tratamiento es mejorable. En Zumalacárregui, un zócalo comercial cubierto se vuelca hacia la gran plaza, adosando una terraza corrida accesible desde las primeras plantas, recientemente reformada. Ambas promociones son sobrias, de ladrillo visto y huecos regulares. Dos de sus bloques se cierran hacia un gran espacio libre actualmente convertido en un gran aparcamiento.

En los polígonos de Urbasa [4] y Santa Lucía [5] los bloques de gran longitud se cierran sobre sí mismos conformando una gran manzana cerrada con un espacio libre de uso comunitario en su interior. La fachada de Santa Lucía, a diferencia de la de Urbasa, cuenta con balcones que mejoran el atractivo de la misma y evitan la percepción de bloque monótono.

Aunque el paisaje residencial actual conserva la esencia histórica de los barrios, se perciben algunos cambios sustanciales como son la colmatación de parcelas en San Pedro o el cierre de terrazas en algunos grupos.

San Pedro

Alzania

Urbasa

Figura 18. Detalles del paisaje residencial.

 Usos y actividad

La actividad del barrio se articula principalmente alrededor de la plaza Zumalacárregui, espacio público de importancia tanto en el barrio como en Alsasua, recientemente reformada. La plaza acoge la principal actividad comercial y hostelera, apoyada por el equipamiento infantil y el mobiliario urbano. Además de esta, la placita de la calle Erkuden cuenta también con actividad hostelera, y ya en el extremo noroeste del ámbito la plaza del *skate park* junto a los equipamientos proporciona otro lugar de estancia cercano y bien equipado. La proximidad a equipamientos como la escuela infantil, el club de jubilados o el centro cultural revierten actividad sobre la zona, aunque las actividades cotidianas se realizan a lo largo de toda la trama urbana de Alsasua.

En general, el ámbito cuenta con buena calidad de espacios libres que dan servicio a distintas escalas: vecinal, comunitaria y de barrio.

Los espacios libres y viarios del barrio se pueden diferenciar, según su actividad, en dos tipos. Por un lado, los conectores, como las calles de La Paz y Erkuden, que cosen los diferentes polígonos y conectan el barrio con la plaza del Centro Cultural IORTIA y el centro de Alsasua, o la calle Alzania, que recoge los recorridos de norte a sur. En ellos predomina la ocupación del espacio por parte del coche, generando un impacto negativo sobre el paisaje. En segundo lugar, los peatonales: espacios interbloque y calles traseras, de uso peatonal, principalmente ubicadas en el grupo San Pedro y Alzania.

Cabe destacar el mercadillo semanal que se celebra desde 2007 en la plaza del Centro Cultural IORTIA y que antiguamente se alternaba entre la plaza Zumalacárregui y la plaza los Fueros.

3. Caracterización del paisaje

Integración del paisaje en la regeneración integral de barrios de iniciativa pública. Periodo 1950-1985 en Navarra

 Tejido social y vulnerabilidad urbana

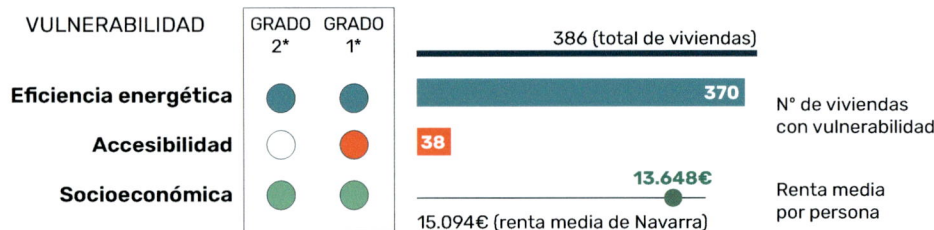

VULNERABILIDAD	GRADO 2*	GRADO 1*
Eficiencia energética		
Accesibilidad		
Socioeconómica		

386 (total de viviendas)

370 — Nº de viviendas con vulnerabilidad

38

13.648€ — Renta media por persona

15.094€ (renta media de Navarra)

* Distintos grados de vulnerabilidad en el mismo barrio

La población de Alsasua cuenta con un índice de envejecimiento superior a la media navarra. La tasa de desempleo es también más elevada, sobre todo en mujeres. Aunque estos datos corresponden al conjunto del municipio y no específicamente al ámbito de estudio, es un punto de partida que conviene tener en cuenta.

Los grupos residenciales analizados presentan una vulnerabilidad de grado 1 y 2. Los edificios de vivienda colectiva de cuatro plantas de altura, no cuentan con ascensor, siendo éste un factor que condiciona el día a día de sus habitantes. Estos bloques son también los que presentan peores índices en cuanto a vulnerabilidad por eficiencia energética. En el grupo San Pedro, algunas de las edificaciones han sido reformadas en las últimas décadas, por lo que esta vulnerabilidad se ve reducida.

En origen, la población del grupo San Pedro procedía en su mayoría del mismo municipio o de zonas cercanas, mientras que en las viviendas colectivas se entremezcla población de la zona con personas que vinieron de Extremadura, Andalucía y Castilla y León. Actualmente son lugar de llegada de migrantes de otros países. El uso del euskera es alto y destaca la diversidad cultural fruto de distintos procesos migratorios a lo largo de la historia.

Aunque no cuentan con fiestas propias, las celebraciones de Alsasua como el Carnaval Momotxorroak, San Juan o Los Reyes Magos siempre pasan por la zona (plaza Zumalacárregui-calle La Paz). A pesar de que en el pasado pudieron detectarse conflictos puntuales, hoy en día no se percibe como una zona conflictiva, al menos de día.

 Medioambiente urbano

En general, la presencia de verde urbano es escasa en los distintos grupos.

Destacan los espacios interbloque del grupo Alzania, donde el arbolado y el suelo permeable son una pieza clave y un gran valor paisajístico, tanto desde una perspectiva doméstica y comunitaria como pública. Son espacios de refugio climático.

El patio de manzana de los Grupos Urbasa y Santa Lucía, junto con las parcelas no edificadas u ocupadas del grupo San Pedro, también presentan un gran potencial en materia de infraestructura verde urbana. Por su condición de espacio privado, las oportunidades han de articularse a través de la gestión comunitaria.

Aunque las principales calles del ámbito han sido reurbanizadas, no se han incorporado en el proyecto nuevos elementos de infraestructura verde. Tanto la sección del viario como su uso hacen viable su naturalización.

Debido al pequeño tamaño de las viviendas colectivas, muchas familias contaban y cuentan con un terreno de huerta y "txabiske" cerca del núcleo, junto a las vías del tren, como espacio exterior.

 Normativa, planes y proyectos

Todo el ámbito de estudio se clasifica como suelo urbano consolidado. La normativa municipal de referencia es el Plan Municipal de 2002.

Actualmente el área del grupo Zumalacárregui es objeto de un PIG, destinado a renovar las envolventes en torno a la plaza Zumalacárregui y de la calle La Paz.

La intención del Ayuntamiento es ir renovando también el resto de grupos.

Percepción y afectos

En el barrio se identifican micropaisajes cotidianos fruto de intervenciones vecinales, especialmente volcados hacia los espacios comunitarios más tranquilos, donde se colocan maceteros o elementos ornamentales.

Figura 19. Detalles de micropaisajes cotidianos.

Se han desarrollado intervenciones murales que tienen un impacto alto sobre el paisaje residencial, y que a la vez singularizan tejidos homogéneos en función de su actividad.

Se pueden encontrar, todavía, en algunas viviendas, elementos de simbología franquista, como el icono del Sindicato Vertical.

Figura 20. Detalles de intervenciones en el paisaje.

Figura 21. Elementos de patrimonio disonante.

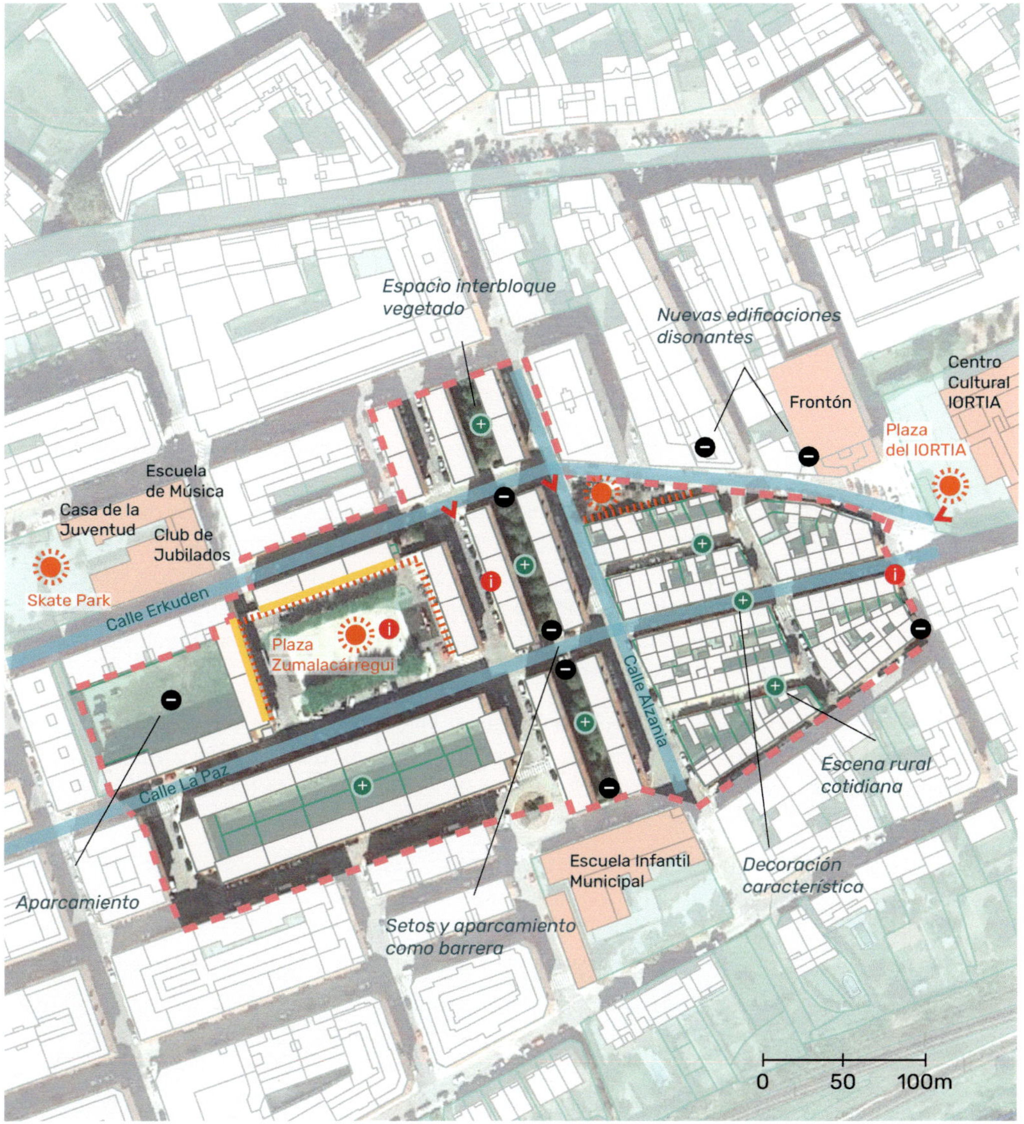

Principales recorridos cotidianos
Calles activas
Espacios activos
Paisaje característico
Elementos identitarios
Visuales singulares
Impactos negativos en el paisaje
Paisaje transformado / renovado

Figura 22. Mapa de percepciones en área residencial de Alsasua. Elaboración propia

Espinal (Erro)

Ámbitos de estudio

Nombre	N° viv.	Año	Promotor	Arquitecto
Barrio Santiago/ Donejakue auzoa	6	1958	Patronato Francisco Franco	Domingo Ariz

El municipio pirenáico de Erro, es el único de los analizados que a partir de 1950 comienza a perder drásticamente población. En 1958, fecha de construcción del Barrio de Santiago, el número de habitantes se acercaba a los 1.400, casi un 30% menos que en los años 50. Es a partir de 1990 cuando la población se estabiliza, manteniéndose desde entonces. Espinal es el pueblo más grande del valle y el que concentra comercios, equipamientos y servicios.

El proyecto de 6 viviendas de "Renta limitada", se componía de tres bloques pareados planteados con sistemas constructivos sencillos que recuerdan a los tradicionales del valle. Cada vivienda fue proyectada con un espacio libre de parcela que incluía un gallinero.

 Estructura y morfología urbana

Espinal era y sigue siendo un núcleo lineal conformado por casas ubicadas alrededor de la carretera, actual N-135 que conecta con Francia. El barrio de Santiago se vuelca hacia una calle interior por la que pasaba la ruta jacobea, aunque a una cota superior de la misma, salvando el desnivel hacia el valle. Las viviendas, situadas originalmente a las afueras del pueblo, frente al cementerio, quedan actualmente integradas en una trama longitudinal y de baja densidad.

Se trata de tres bloques de viviendas pareadas, de planta baja más una altura, y un desván bajo la cubierta. Se encuentran muy bien adaptadas al entorno, tanto por sus dimensiones como por los elementos arquitectónicos que recuerdan al estilo tradicional del valle, como son la cubierta a dos aguas, el zócalo de piedra, la fachada enfoscada en blanco o la utilización de carpinterías de madera. Estos elementos se conservan a día de hoy.

Figura 24. Foto aérea del año 1981. Fuente: AGN, FOT_FOAT_2678.

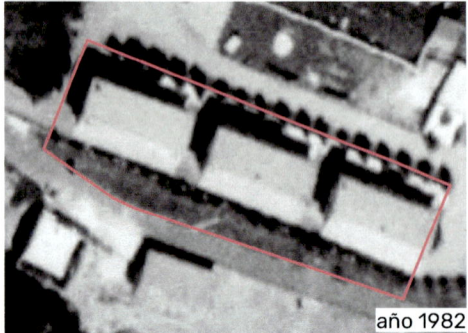
año 1982

año 2023

Figura 23. Ortofotos de área residencial en Espinal. Fuente: Geoportal de Navarra.

Usos y actividad

Las viviendas se encuentran en una zona mayoritariamente residencial, con algún uso comercial puntual como una ferretería, si bien fuera del ámbito de estudio. Debido a su disposición lineal, la principal vía de conexión es la calle Barrio Santiago, desde la cual se accede hacia el oeste a la calle principal del núcleo (NA-135) y a los principales servicios.

Tejido social y vulnerabilidad urbana

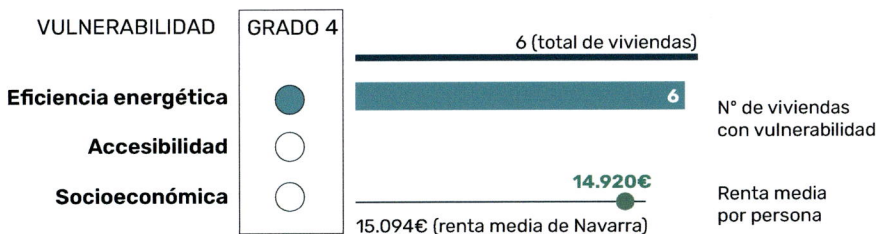

Espinal destaca por tener el mayor índice de envejecimiento de los ámbitos analizados y un bajo nivel de inmigración, si bien en los años 60 hubo mucha inmigración a EEUU. Pese a ello, la población se ha mantenido desde 1990, y cuenta con una población dinámica que destaca por su nivel de participación social y cultural. El nivel de ingresos es similar a la media navarra.

El ámbito cuenta con un bajo nivel de vulnerabilidad Grado 4 referente a la eficiencia energética, debido a la antigüedad de las viviendas, y no presenta problemas en cuanto a la vulnerabilidad sociodemográfica. Las problemáticas vinculadas a la accesibilidad se dan más en el espacio público que en el doméstico.

En cuanto al uso del euskera, cabe destacar que en los últimos 10 años se ha producido un repunte de la población vasco hablante en el municipio.

Medioambiente urbano

Las viviendas cuentan en su acceso con una franja verde arbolada que salva el desnivel respecto de la vía principal del barrio de Santiago. En su parte trasera, la presencia del cementerio, los grandes árboles y la cercanía con el entorno natural del núcleo, proporcionan un contacto directo con el entorno natural y rural, si bien las inmediaciones de las viviendas no están especialmente vegetadas.

Normativa, planes y proyectos

Todo el ámbito de estudio se clasifica como suelo urbano consolidado. La normativa municipal de referencia es el Plan Municipal de 2003.

Percepción y afectos

Es una zona vinculada al Camino de Santiago y al entorno natural, que tiene un gran impacto positivo en el paisaje residencial. Sus límites visuales se definen por las suaves colinas al norte del ámbito, más boscosas hacia el sur, y la continuidad del valle en dirección este-oeste.

El cementerio, situado entre las viviendas y la carretera, amortigua los posibles ruidos provenientes de la misma.

3. **Caracterización del paisaje**

Integración del paisaje en la regeneración integral de barrios de iniciativa pública. Periodo 1950-1985 en Navarra

Azagra

Ámbitos de estudio

Nombre	Nº viv.	Año	Promotor	Arquitecto
1 La Paz (Las Eras)	212			
2 Dotaciones		1965	Obra Sindical del Hogar y Arquitectura	Domingo Ariz
3 La Paz (La Cañigosa)	91			
4 La Paz (La Badina)	31			

La actividad agrícola y la industria conservera marcan el desarrollo de Azagra durante la primera mitad del siglo XX, que se convierte en centro de residencia de jornaleros recolectores y sus familias llegados principalmente desde Andalucía y Extremadura para trabajar en la Ribera Alta. Las promociones residenciales vienen a resolver parcialmente los problemas de hacinamiento y congestión residencial derivados de estos procesos migratorios.

El Grupo La Paz, desarrollado en un ámbito discontinuo, incluía un total de 327 viviendas de bajo coste y una pieza de dotaciones (centro de higiene con dos viviendas para médicos, y escuela con 8 viviendas de maestros) en tres emplazamientos que sumaban en total 5.455 m2 y que suponían un gran incremento con respecto al núcleo existente. Este análisis se centra en el polígono Las Eras.

año 1966

año 2023

Figura 25. Ortofotos de área residencial en Azagra. Fuente: Geoportal de Navarra.

Estructura y morfología urbana

El polígono Las Eras, el más grande de los tres, con 212 viviendas en origen, combina cuatro tipologías edificatorias: dos de vivienda unifamiliar y dos en bloque de vivienda colectiva. La mayor parte del ámbito se compone de viviendas unifamiliares en hilera o pareadas con un patio trasero hacia el interior de manzana en una retícula regular. En la mayoría de parcelas, estos patios interiores han ido alojando nuevas edificaciones complementarias hasta en casos llegar a colmatarse. Las fachadas de la calle resultante destacan por su aspecto relativamente heterogéneo tanto morfológica como cromáticamente, derivado de la iniciativa individual de cada núcleo familiar. Hacia el sur del ámbito se ubican los bloques de vivienda colectiva, algunos de ellos con locales comerciales en planta baja, otros, con garaje o taller. Uno de los bloques conserva un pequeño espacio de almacenaje de aperos próximo al mismo, actualmente con aspecto degradado.

Los espacios públicos se distribuyen al sur del ámbito, articulando las viviendas con la pieza de dotaciones. Además de la plaza de La Constitución, destacan pequeños espacios públicos de borde que resultan funcionales y construyen un paisaje de interés.

Figura 26. Foto aérea del año 1982. Fuente: AGN, FOT_FOAT_0217.

Usos y actividad

La actividad del barrio se ubica principalmente alrededor de la plaza de la Constitución, próxima a la pieza dotacional, donde se agrupan la actividad comercial y los espacios libres de uso cotidiano más vivos. Es, sin embargo, una plaza donde la distribución del espacio está destinada principalmente al coche, configurando un paisaje duro donde domina el asfalto. El resto de espacios de uso peatonal como pequeñas plazas y rincones, resultan confortables sobre todo gracias a su vegetación, y están, en su mayoría, bien adecuados a los estándares actuales. En las calles del barrio se desarrolla el mercadillo semanal.

Tejido social y vulnerabilidad urbana

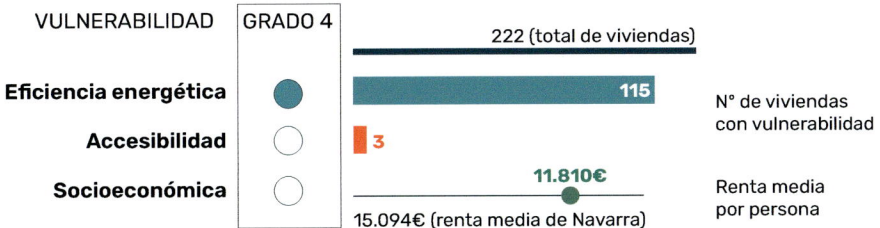

El ámbito presenta un grado 4 de vulnerabilidad por eficiencia energética, debido a la antigüedad de las viviendas, si bien se han reformado algunas de ellas. Se trata de un tejido conformado por viviendas unifamiliares con un grado de reforma y acondicionamiento bajo. Además de los bloques sin ascensor, algunas viviendas unifamiliares presentan barreras arquitectónicas en el acceso a las mismas.

Su población ha crecido de manera estable desde 1990, con un mayor porcentaje de inmigración extranjera frente a la interior. Es el ámbito analizado con la mayor tasa de inmigración. Su situación geográfica al sur de Navarra en frontera con La Rioja, confiere un tejido sociocultural de carácter agrario, donde el uso del árabe es alto debido a la gran población migrante.

Medioambiente urbano

La presencia de verde urbano es escasa en las calles, aunque más adecuada en los espacios estanciales. Los patios de las viviendas unifamiliares, en su día permeables, están en su mayoría ocupados por otras edificaciones y en general carecen de vegetación.

Destaca el paisaje que conforman los plátanos de las pequeñas plazas del sur del ámbito, que generan un ambiente umbrío y confortable en verano.

Normativa, planes y proyectos

Todo el ámbito de estudio se clasifica como suelo urbano consolidado. La normativa municipal de referencia es la homologación del Plan Municipal de 2010.

Percepción y afectos

En la fachada de acceso a muchas de las viviendas unifamiliares, en mayor medida frente a las que están libres de aparcamiento, se identifican micropaisajes cotidianos formados por macetas y bancos. El aparcamiento de vehículos es sin duda el mayor impacto negativo del ámbito.

Una placa en la plaza de La Constitución recuerda la construcción del Grupo La Paz. En la calle Fermín Sanz Orrio otra placa indica que fue considerada la calle más bella de Azagra en 2017.

Los límites del ámbito están caracterizados, al este, por la Peña de Azagra, con gran presencia sobre las visuales del ámbito y, al oeste, por la NA-134. El impacto de la NA-134 marca la percepción del borde oeste como un gran límite urbano que separa el barrio del entorno agrícola colindante.

Beriáin

Ámbitos de estudio

Nombre	Nº viv.	Año	Promotor	Arquitecto
Potasas	428 + dotaciones	1962	Potasas de Navarra S.A. / Instituto Nacional de Industria	Luis Felipe de Gaztelu; Luis Laorga; Ramón Urmeneta

Beriáin se compone de dos núcleos urbanos diferenciados. Por un lado, el Casco Viejo, con tipología de núcleo rural tradicional, y por otro, el Poblado de Potasas o Nuestra Señora del Perdón, urbanización asociada a la empresa Potasas de Navarra S.A. que comenzó su actividad en 1962. Debido a la falta de tradición minera en Navarra, la empresa se vio obligada a buscar mano de obra experimentada en otras regiones que requería alojamiento, lo que motivó la construcción del poblado. En él llegaron a vivir 2.189 personas, entre trabajadoras y familiares, aumentando sustancialmente la población de Beriáin. Junto a las edificaciones residenciales se crearon dotaciones, comercios y servicios.

Durante la dictadura, el poblado fue escenario de grandes huelgas generales, con un representativo movimiento obrero y sindical. Hoy en día, la identidad minera sigue presente en la memoria colectiva.

La actividad minera de Potasas de Navarra cesa en 1986, continuando Potasas de Subiza ejerciendo la actividad hasta 1997.

Figura 27. Ortofotos de área residencial en Beriáin. Fuente: Geoportal de Navarra.

 Estructura y morfología urbana

El poblado de Potasas se concibió con un diseño residencial jerarquizado por clases sociales, distinguiendo entre viviendas unifamiliares para los mandos dirigentes, bloques de vivienda colectiva para los mandos intermedios, y bloques más humildes de diferentes tipos para las familias obreras. Dependiendo de la tipología edificatoria, surgen distintos espacios libres de parcela: patios y jardines en el caso de las unifamiliares, y espacios interbloque frontales, siempre en contacto con el viario, en el caso de los bloques colectivos.

Además de las edificaciones residenciales, el conjunto incluía una escuela y una iglesia, un convento, un economato, un casino y un cine. Actualmente, la iglesia y la escuela mantienen su uso original; el resto, se han reconvertido en casa de cultura, biblioteca, locales comerciales y hosteleros, un consultorio médico, un centro de jubilados y una piscina.

Figura 28. Foto aérea del año 1967. Fuente: AGN, FOT_FOAT_2769.

3. Caracterización del paisaje

Integración del paisaje en la regeneración integral de barrios de iniciativa pública. Periodo 1950-1985 en Navarra

Aunque en los orígenes el poblado quedaba aislado del núcleo histórico, en los años 80 se desarrollan los polígonos industriales colindantes, en los 90 los terrenos al sur del ámbito hasta la Avenida de Pamplona, y en los 2000, el eje que lo une con el Casco Viejo. Aun así, el tejido urbano continúa padeciendo la fragmentación: al poblado de Potasas se le conoce como "Casco Nuevo" en contraposición al "Casco Viejo" del núcleo histórico.

El poblado cuenta con dos edificaciones singulares: la Iglesia del Santo Cristo del Perdón, en el corazón del barrio, junto a las piezas dotacionales, y la Ermita de Santa Bárbara, colindante al ámbito.

La Plaza Larre, situada frente a la iglesia y articulando las piezas dotacionales, es el principal espacio público de encuentro.

Las edificaciones que conforman el poblado, aún siendo de diferentes tipologías y calidades, componen una arquitectura de conjunto, con morfologías, estilos y gamas cromáticas que le dan unidad al ámbito. Los principales cambios detectados desde su construcción tienen que ver con el cerramiento de terrazas exteriores y la instalación de ascensores, tanto interiores como exteriores, en algunos de los bloques de vivienda colectiva.

Usos y actividad

La actividad cotidiana del ámbito se articula alrededor de la plaza Larre, espacio público de referencia donde se sitúa también la principal parada de autobús. La plaza cuenta con bajos comerciales y actividad cultural, comercial y hostelera. Junto a la plaza se ubica el colegio de Beriáin, donde también se realiza el mercadillo de fin de semana. En la cercana plaza Sierra de Izaga se localizan las principales actividades económicas del barrio, bien dotado en cuanto a servicios.

Además de la plaza, destaca la función que cumplen los pequeños espacios interbloque de frente de parcela. Algunos de ellos, vegetados, confortables y equipados con mobiliario urbano, sirven como espacio de encuentro vecinal.

Actualmente el ámbito cuenta con todos los servicios y equipamientos de proximidad, dentro del mismo o en sus inmediaciones, incluyendo un colegio público, centro de día, centro joven y ludoteca, pistas deportivas, polideportivo municipal, piscinas municipales y consultorio médico.

El resto del calles del ámbito se caracterizan por el uso exclusivamente residencial.

La red de calles no cuenta con una jerarquía muy clara, y predomina la distribución del espacio dedicado al tránsito y aparcamiento de vehículos.

Se identifica como el principal viario distribuidor de tráfico la ronda San Francisco Javier, que rodea el ámbito en todo su perímetro, y en un segundo nivel las calles norte-sur. En cuanto a los recorridos peatonales, el tránsito este-oeste se realiza principalmente a través de la plaza Larre. La morfología de la red viaria hace que el barrio se recorra fácilmente de norte a sur, no así de este a oeste.

En el ámbito se celebran el 4 de diciembre las Fiestas de Santa Bárbara, en honor a la patrona de los mineros, en la que se realiza una procesión desde la ermita hasta la iglesia.

Viviendas mandos superiores

Viviendas mandos intermedios

Viviendas trabajadores

Figura 29. Detalles del paisaje residencial.

 Tejido social y vulnerabilidad urbana

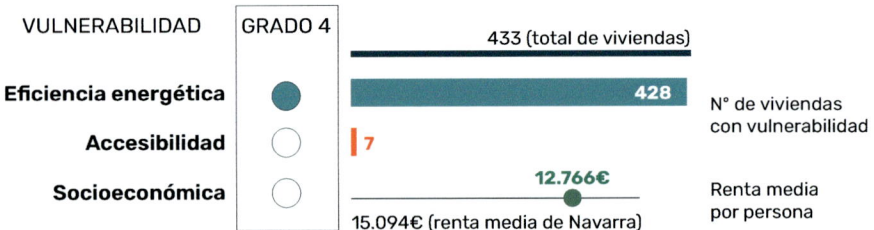

VULNERABILIDAD | GRADO 4

433 (total de viviendas)

Eficiencia energética

Accesibilidad

Socioeconómica

428 — N° de viviendas con vulnerabilidad

7

12.766€ — Renta media por persona

15.094€ (renta media de Navarra)

El índice de envejecimiento en Beriáin es el menor de todos los municipios analizados y cuenta también con una de las tasas de inmigración más bajas (8%).

El conjunto del ámbito presenta una vulnerabilidad grado 4 relativa a la eficiencia energética, ya que casi la totalidad de las edificaciones no han experimentado mejoras desde su construcción en ese sentido. En cuanto a la accesibilidad, la mayoría de edificaciones no superan las 4 plantas de altura, por lo que no cuenta con grandes problemas al respecto, si bien se están realizando actuaciones de mejora mediante la instalación de ascensores.

Beriáin destaca por su diversidad cultural fruto de procesos migratorios. La diferencia entre el Casco Viejo de Beriáin y el Poblado de Potasas queda patente también en las costumbres y usos de cada uno de los barrios.

Aunque en los años 80 Potasas sí era un ámbito sobre el que caía un cierto estigma social relacionado en parte con la droga, actualmente no se perciben problemas de convivencia,

 Medioambiente urbano

El poblado de Potasas cuenta con una buena red de espacios verdes. El parque Felipe Marco junto a la iglesia es el principal espacio verde del ámbito, con gran variedad de arbolado y zonas de juego y estancia. La zona verde junto al centro joven y los alrededores del polideportivo, constituyen los otros dos grandes espacios abiertos, densamente arbolados en el perímetro del ámbito. Sin embargo, las calles carecen de arbolado.

En cuanto al espacio libre privado, las unifamiliares aisladas y las edificaciones colectivas para mandos intermedios cuentan con jardines perimetrales donde destaca la utilización de setos como cerramiento de parcela.

Frente a los bloques de vivienda colectiva, encontramos espacios interbloque públicos ajardinados de gran interés. Cabe destacar la gran cantidad de estos espacios verdes, algunos mejor acondicionados pero en general con un bajo nivel de biodiversidad y equipamiento, por lo que constituyen los principales espacios de oportunidad en el ámbito.

 Normativa, planes y proyectos

Todo el ámbito de estudio se clasifica como suelo urbano consolidado. La normativa municipal de referencia es el Plan Municipal de Beriáin, vigente desde 2003.

El Ayuntamiento impulsa las comunidades energéticas. Así mismo ha planificado y está ejecutando progresivamente diversas acciones para mejorar la eficiencia energética de los edificios municipales. En este marco por ejemplo se han instalado paneles solares en el polideportivo municipal. Además, se están realizando muchas actuaciones de mejora de la accesibilidad en los edificios de vivienda colectiva.

Percepción y afectos

En el barrio se reconocen micropaisajes cotidianos en el exterior de las fachadas hacia los espacios interbloque, identificados principalmente por la colocación de maceteros.

Los límites visuales del barrio varían ampliamente en las cuatro direcciones, muy marcadas por la direccionalidad norte-sur del viario. El paisaje industrial tiene un gran impacto en el norte y el este. La Peña Izaga está presente en las visuales hacia el sureste y destaca la amplia visibilidad del paisaje rural colindante hacia el oeste.

Desde el punto de vista del paisaje sonoro, se advierte una gran diferencia entre las calles más próximas a la carretera N-121, donde el ruido del tráfico está muy presente, y las calles más interiores del ámbito, que son mucho más silenciosas y tranquilas.

En las dos rotontas principales de acceso, una estatua de un minero y un antiguo pozo de madera nos recuerdan el pasado minero de este barrio. Se trata de una identidad presente en la memoria colectiva.

Figura 30 Detalles del paisaje residencial.

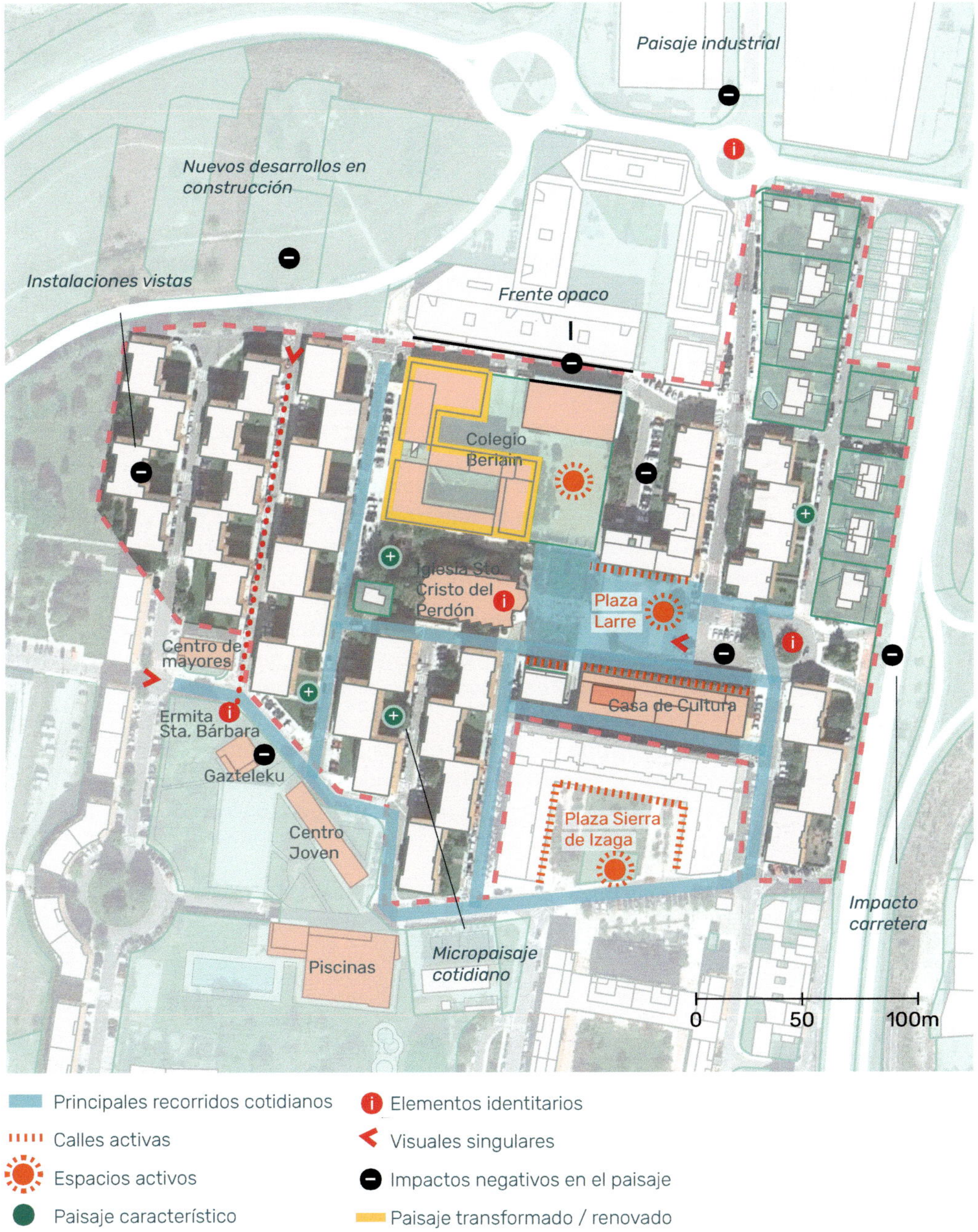

Figura 31. Mapa de percepciones del poblado de Potasas. Elaboración propia.

3. Caracterización del paisaje

Integración del paisaje en la regeneración integral de barrios de iniciativa pública. Periodo 1950-1985 en Navarra

Elizondo (Baztan)

Ámbitos de estudio

	Nombre	N° viv.	Año	Promotor	Arquitecto
1	Giltxaurdi	26	1954	Obra Sindical del Hogar y Arquitectura	Domingo Ariz
	Azanborda	18	1955	Obra Sindical del Hogar y Arquitectura	Domingo Ariz

En el Valle de Baztan, como en el caso de Erro, los desarrollos residenciales analizados no responden a un incremento en el número de habitantes, en descenso desde 1940. La economía del valle era fundamentalmente rural, aunque en Elizondo, como cabecera del Valle, se concentraban los principales servicios.

Las promociones desarrolladas entre 1954 y 1956 por la Obra Sindical del Hogar y Arquitectura responden a un sistema constructivo sencillo, que recuerda a la construcción popular, y un estilo arquitectónico que replica elementos de los caseríos tradicionales. A diferencia del grupo de Azanborda, que se sitúa aislado a las afueras del núcleo de población, el grupo Giltxaurdi se sitúa próximo e integrado en el mismo, en el meandro del río Baztan, en terrenos identificados como "Huertos del Conde" próximos al campo de fútbol, el frontón y el mercado de ganado y articulados alrededor del camino Txokoto, que cruzaba el río.

Este análisis se centra en el grupo Giltxaurdi.

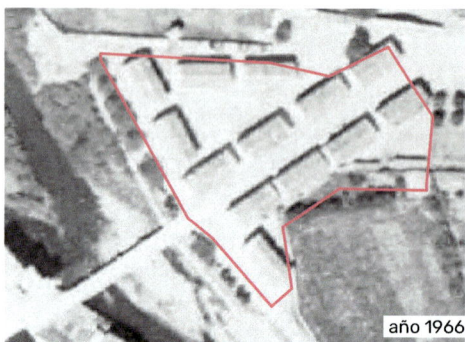

Figura 32. Ortofotos de Elizondo. Fuente: Geoportal de Navarra.

 Estructura y morfología urbana

El grupo Giltxaurdi presenta una estructura urbana interesante: se trata de bloques de vivienda pareada, de dimensiones que se adecúan a las de las edificaciones tradicionales y que conforman dos frentes de calle bien dimensionados a ambos lados de la calle Giltxaurdi, y a su vez abren un nuevo espacio libre, al norte, actualmente utilizado como aparcamiento.

La mayoría de las viviendas cuentan con casetas de aperos asociadas a las mismas.

En las fachadas principales se utilizan elementos que recuerdan a la arquitectura tradicional del valle: esquinas, dinteles y bases de piedra baztanesa o falsas vigas de madera vista. A las fachadas originales se han incorporado unas tejavanas sobre los portales y ventanas como protección ante la lluvia en todas las edificaciones. El resultado es un paisaje urbano homogéneo y armonioso.

Figura 33. Viviendas de Giltxaurdi.

3. Caracterización del paisaje

Integración del paisaje en la regeneración integral de barrios de iniciativa pública. Periodo 1950-1985 en Navarra

Usos y actividad

Casi residencial en su totalidad, cuenta con un bar en una de las edificaciones. El ámbito se encuentra a escasos metros de una de las principales calles de Elizondo y de la plaza de Los Fueros, donde se concentra la actividad comercial, y junto a un gran equipamiento deportivo con frontón, piscinas y campo de fútbol que dinamizan la zona. El mercadillo semanal se celebra en la plaza del Mercado (Merkatu plaza), también junto a las viviendas.

La calle Giltxaurdi, que atraviesa el ámbito, es una calle de importancia con mucho tránsito, ya que es uno de los tres puntos de conexión con el otro margen del río. El impacto del tráfico marca la actividad de la calle, cuyo paisaje mejoraría sustancialmente con una distribución de formas de transporte más equitativa.

Tejido social y vulnerabilidad urbana

VULNERABILIDAD	GRADO 4	
		26 (total de viviendas)
Eficiencia energética	●	23 → Nº de viviendas con vulnerabilidad
Accesibilidad	○	
Socioeconómica	○	13.251€ → Renta media por persona
		15.094€ (renta media de Navarra)

Baztan es uno de los pocos municipios donde ha descendido ligeramente el índice de envejecimiento y su población se mantiene estable desde el año 2000. Cuenta con una baja tasa de migración. La vulnerabilidad del ámbito se vincula en este caso a la eficiencia energética. Las viviendas unifamiliares presentan barreras arquitectónicas debido a sus escaleras de acceso.

La cultura del Valle del Baztan está muy vinculada al modo de vida rural y domina el uso del euskera.

Medioambiente urbano

El ámbito carece de vegetación, aunque se encuentra junto a la ribera del río Bidasoa que atraviesa Elizondo y cuenta con un paseo arbolado y zonas verdes próximas como la plaza del Mercado y el entorno deportivo Giltxaurdi.

La disposición de las viviendas en torno a un espacio central protegido, actualmente utilizado como aparcamiento, constituye un espacio de oportunidad para la renaturalización del ámbito.

Normativa, planes y proyectos

Todo el ámbito de estudio se clasifica como suelo urbano consolidado. La normativa municipal de referencia es el Plan Municipal de 2002.

Percepción y afectos

El ámbito compone un escenario identitario con viviendas que recuerdan al estilo tradicional. Se identifican intervenciones vecinales que hablan de un cuidado del paisaje colectivo (maceteros, elementos vegetales de iniciativa vecinal).

La calle trasera al ámbito se utiliza esporádicamente de forma colectiva para pequeños eventos comunitarios.

Figura 34 Detalles del paisaje residencial.

3. Caracterización del paisaje

Integración del paisaje en la regeneración integral de barrios de iniciativa pública. Periodo 1950-1985 en Navarra

Estella-Lizarra

Ámbitos de estudio

	Nombre	N° viv.	Año	Promotor	Arquitecto
1	La Merced	24	1955	Patronato Francisco Franco	Domingo Ariz
2	Izarra	100	1964	Obra Sindical del Hogar y Arquitectura	Domingo Ariz
3	Zumalacárregui	36	1984	Ministerio de Obras Públicas y Urbanismo	Luis Felipe de Gaztelu, Jaime de Gaztelu

Estella-Lizarra, cabecera de comarca, comienza su aumento poblacional en 1950, pero es en la década de 1960 cuando se incrementa sustancialmente con la llegada de la industria química y metalúrgica.

El ámbito del Barrio de la Merced se ubicaba junto a una de las mayores empresas de Estella, ya desaparecida, la fábrica Agni, donde conviven en una zona aislada del núcleo, casas bajas unifamiliares y vivienda colectiva, todas ellas de baja calidad constructiva.

Completamente diferente es el grupo Zumalacárregui, de construcción posterior, ubicado originalmente a las afueras del núcleo pero conectado al mismo, en una zona de huertas.

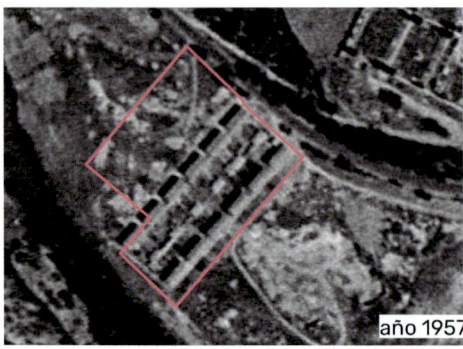 

Figura 35. Ortofotos de Estella-Lizarra. Fuente: Geoportal de Navarra.

 ## Estructura y morfología urbana

El Barrio de la Merced, que agrupa los ámbitos de La Merced e Izarra, es una zona ubicada junto al río Ega y la NA-1110, en una posición aislada respecto al núcleo, tanto en su origen como en la actualidad. Las viviendas unifamiliares pareadas, que fueron parcialmente autoconstruidas, cuentan con un patio posterior en el que se han ido construyendo edificaciones auxiliares, aunque se conserva espacio libre de parcela. La imagen de conjunto, de aire regionalista, se caracteriza por sus fachadas enfoscadas en tonos claros y la utilización de elementos de forja en balcones y ventanas.Las viviendas colectivas de bloque abierto se organizaban en cuatro bloques de distinta longitud, con zonas comunitarias y edificaciones auxiliares de carácter agrario. Las fachadas, compuestas por ladrillo caravista y pequeños huecos, nos presentan una imagen de conjunto homogéneo pero mal conservada. Actualmente uno de los bloques ha sido demolido debido al mal estado de conservación.

Por otro lado, la promoción de Zumalacárregui se asiente en una ladera de fuerte pendiente y se organiza linealmente en torno a una calle central, en una posición periférica dentro del núcleo, aunque inserto dentro de la trama urbana. Los tres tipos de viviendas, similares entre sí pero con una composición de fachada ligeramente distinta, ofrecen una imagen heterogénea del lugar, aunque armónica cromática y compositivamente. El acceso a las viviendas se realiza por la parte trasera, por lo que la fachada, con un patio delantero opaco, queda casi oculta por los muros que salvan la pendiente del terreno.

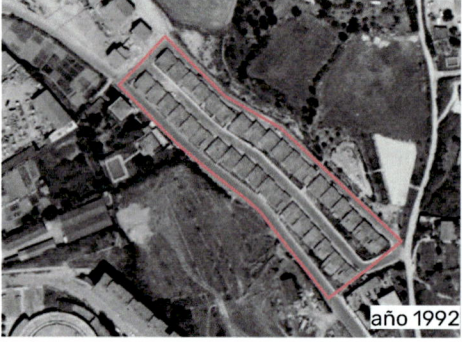 

Figura 36. Ortofotos de Estella-Lizarra. Fuente: Geoportal de Navarra.

Usos y actividad

Ambos ámbitos se caracterizan por su uso únicamente residencial, siendo zonas que no cuentan con servicios de cercanía, aunque el grupo Zumalacárregui tiene mejor acceso a equipamientos y servicios debido a su ubicación en el núcleo.

En el barrio de la Merced cabe destacar la existencia del Bar San Cristóbal, junto a la carretera, una zona de juegos y la parada de autobús junto al ámbito. Es una zona a la que acuden poco el resto de habitantes de Estella, salvo para visitar el cementerio. Con la celebración de Todos los Santos muchas personas acuden caminando. La cercanía a rutas de interés como el Camino de Santiago y su proximidad al río Ega, pueden ser potencialidades para reactivar el ámbito.

Tejido social y vulnerabilidad urbana

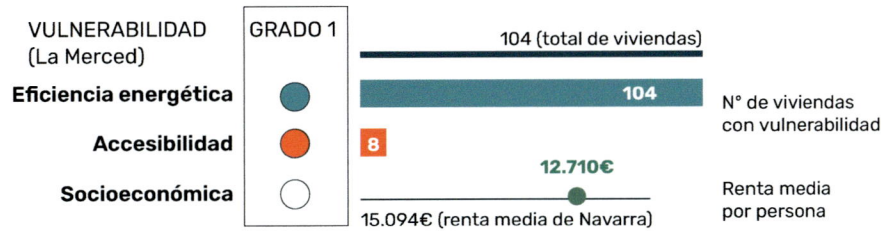

Estella-Lizarra se encuentra en un proceso de progresivo envejecimiento y una tasa de inmigración que aumentó a partir de 2015, ahora estabilizada.

El barrio de La Merced es una de las zonas más vulnerables de Estella-Lizarra (grado 1), ya reflejado en el "Diagnóstico de la Exclusión Social de Estella" en 2001, y ha sido objeto de un Plan de Intervención sociourbanística (2004-2010). Fruto de este proceso, uno de los cuatro bloques fue derruido en 2011. Padece, además, una fuerte estigmatización desde hace tiempo. En el barrio se concentran personas de bajos recursos, población gitana y población migrante.

El grupo Zumalacárregui presenta una realidad completamente diferente: no está considerada como zona vulnerable de ningún tipo y la cohesión social con el resto de la ciudad es buena.

Medioambiente urbano

En el barrio de la Merced encontramos verde urbano en el arbolado lineal de la calle, si bien es de pequeño porte y no proporciona gran sombra, y una pequeña zona verde con más densidad y variedad de vegetación. Destaca la proximidad a la ribera densamente arbolada del río y a la nueva senda ciclable Estella-Villatuerta, un gran potencial para el ámbito. Algunas de las parcelas unifamiliares cuentan también con arbolado y vegetación interior.

Las calles del grupo Zumalacárregui presentan una vegetación escasa e insuficiente, con zonas de vegetación baja, si bien cuenta con una zona verde en su límite norte.

Normativa, planes y proyectos

La normativa municipal de referencia es el Plan General Municipal de 2015. En la Merced, el Plan General consolida las viviendas unifamiliares e incluye dentro de una misma unidad de ejecución los tres bloques de vivienda colectiva, donde plantea nuevas edificaciones de uso residencial y la unión del barrio con Estella desarrollando suelo residencial hacia el oeste. Ha sido objeto de proyectos de intervención social urbano.

El gupo Zumalacárregui se clasifica como suelo urbano consolidado.

En Estella-Lizarra se encuentran actualmente en marcha Proyectos de Intervención Global que afectan a ámbitos de la época (Grupo de casas Maeztu en Camino de Logroño y Plaza San José) y que pueden servir de referencia para futuros procesos de regeneración.

Percepción y afectos

En el barrio de la Merced se identifica un alto uso cotidiano de las calles del barrio, donde la gente se reúne sacando sillas y mesas. El sentimiento de barrio es alto. Algunos artículos periodísticos recuerdan los inicios del barrio, con mayor cantidad de servicios y el emblemático bar San Cristóbal, aún en funcionamiento. Sus límites visuales los marcan la ribera del río, el desnivel arbolado hacia el cementerio, el solar de la antigua fábrica y la carretera. El paisaje circundante tiene un alto potencial, a pesar de percibirse actualmente degradado.

En el grupo Zumalacárregui, en la parte alta de Estella-Lizarra, destaca la gran perspectiva del paisaje desde donde se puede ver el monte Belastegui y el pico de Berra.

Sangüesa

Ámbitos de estudio

Nombre	N° viv.	Año	Promotor	Arquitecto
Vadoluengo	67	1984	Ministerio de Obras Públicas y Urbanismo	Manuel Blasco, Luis Tabuenca, Amelia Mencia, Jesús González

Sangüesa ha crecido como municipio de forma tendida y paulatina con aumentos algo más significativos entre 1950-1960 y 2000-2010, manteniéndose como centro de comercio y servicios de la comarca y con la industria manufacturera como industria principal.

El grupo de viviendas de la calle Vadoluengo se sitúa en una posición periférica junto a la plaza de toros y la carretera de Sos del Rey Católico (NA-127), en una parcela de mucha pendiente. Los terrenos al noroeste del ámbito que lo unen con el centro se desarrollan en la década de los 2000. A pesar de quedar inserto en la trama urbana sigue siendo una zona periférica casi en el borde del núcleo urbano.

El grupo lo conforman un total de 67 viviendas en tres bloques de planta baja más tres alturas, que cuentan con un diseño arquitectónico y de los espacios libres mucho más elaborado que promociones anteriores.

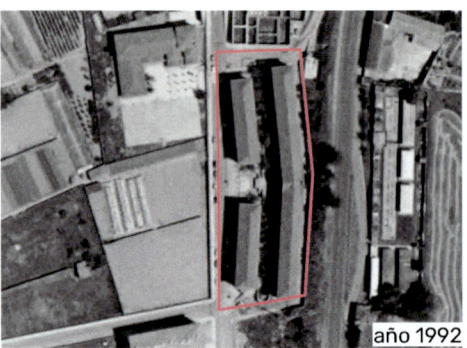 

Figura 37. Ortofotos de Sangüesa. Fuente: Geoportal de Navarra.

 Estructura y morfología urbana

Los tres bloques de vivienda, dos más cortos y un bloque de mayores dimensiones, se organizan de forma lineal con un ligero quiebro en el centro que da acceso al espacio interbloque entre ambos. Los edificios se escalonan para salvar la pendiente del terreno y el acceso a las viviendas se realiza desde el espacio interbloque, gerando barreras arquitectónicas importantes en el acceso a las viviendas. El frente a la calle queda ocupado por los garajes en planta baja.

Las viviendas se caracterizan por el ladrillo caravista marrón y los elementos metálicos de color verde utilizados en su diseño, haciendo notar cierta intención en el mismo. El acceso central al ámbito se remarca con un frontón central y un arco insertos en la fachada del bloque posterior. El conjunto de las edificaciones presenta una imagen homogénea y sin cambios significativos desde su construcción.

Figura 38. Alzado de bloque de viviendas en Vadoluengo. Fuente: ACN. Vivienda. 209462/1

Figura 39. Área residencial de Vadoluengo en Sangüesa.

Usos y actividad

El ámbito no cuenta con actividad económica a la calle, ya que sólo hay garajes en planta baja. Hacia los espacios interbloque se identifica algún local comercial cerrado. El ámbito tampoco cuenta con comercios de proximidad, más allá de un supermercado de grandes dimensiones. Sin embargo, sí se encuentra próximo a dotaciones como la ikastola, instalaciones deportivas con piscina, frontón, campo de fútbol, la plaza de toros o el cementerio municipal.

La calle Ugasti, de acceso al ámbito, carece de mobiliario urbano y se utiliza principalmente como zona de aparcamiento. En la parte trasera del ámbito se encuentra la carretera de Sos del Rey Católico, uno de los principales puntos de acceso a Sangüesa, de las que las viviendas quedan protegidas gracias al desnivel vegetado que las separa.

El espacio interbloque tiene gran potencial como espacio cotidiano de uso vecinal.

Tejido social y vulnerabilidad urbana

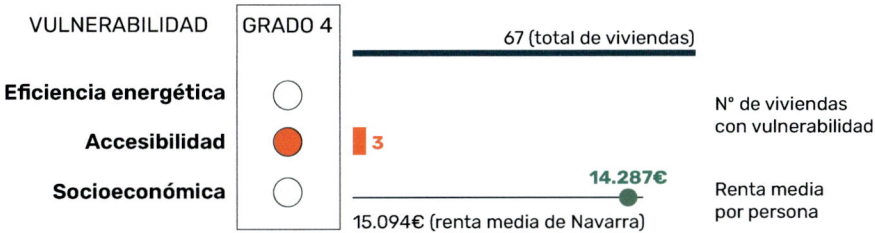

Sangüesa es uno de los municipios analizados con mayor índice de envejecimiento en ascenso. Tiene una tasa migratoria y un porcentaje de personas de nacionalidad extranjera bajo (7% en 2022), en comparación con el resto de municipios analizados. El ámbito no presenta problemas de vulnerabilidad socioeconómica y el principal problema de las edificaciones es la accesibilidad, ya que son edificios de 4 plantas sin ascensor, a lo que se suman las barreras arquitectónicas de acceso en los espacios libres.

Medioambiente urbano

El espacio interbloque es el principal lugar de estancia y zona vegetada del ámbito y funciona como calle arbolada interior, de uso vecinal, equipada con bancos y en un estado de conservación alto, aunque de difícil accesibilidad.

El terraplén posterior al ámbito y los terrenos al sur son zonas también vegetadas, aunque no accesibles. La calle Ugasti, sin embargo, carece de verde urbano.

Normativa, planes y proyectos

Todo el ámbito de estudio se clasifica como suelo urbano consolidado. La normativa municipal de referencia es el Plan Municipal de 1999.

Percepción y afectos

Destaca el marcado diseño arquitectónico y del espacio público del ámbito, con elementos de hormigón en el acceso principal y a lo largo del espacio interbloque. Sin embargo, la percepción del paisaje desde el exterior es la de un conjunto que se cierra sobre sí mismo.

La relación entre los espacios domésticos y públicos es muy baja, ya que las viviendas no cuentan ni con balcones ni con huecos a cota de calle abiertos al exterior.

La falta de actividad en el espacio público puede generar sensación de inseguridad, unido al complicado acceso a las viviendas a través del espacio interbloque, desde el cual no se tiene visibilidad. Visualmente, impacta la presencia del muro de contención en el borde este debido a la pendiente del terreno.

3. Caracterización del paisaje

Integración del paisaje en la regeneración integral de barrios de iniciativa pública. Periodo 1950-1985 en Navarra

Tafalla

Ámbitos de estudio

Nombre	N° viv.	Año	Promotor	Arquitecto
San Sebastián	40	1953	Obra Sindical del Hogar y Arquitectura	Domingo Ariz

Hasta la década de los 50, Tafalla es un pequeño núcleo eminentemente agrícola, con una industria escasa y poco diversificada, y los servicios propios de una cabecera de comarca. No es hasta 1964 con la llegada del polígono industrial cuando se produce un incremento demográfico sustancial.

El Grupo San Sebastián, también denominado en su origen "casas baratas", supone un nuevo barrio al oeste del núcleo, construido en dos etapas divididas por el barranco del Ábaco. Se caracteriza por su baja densidad, con viviendas unifamiliares de dos plantas con patio y baja calidad, que se realizaron con la colaboración de los propios vecinos. Los materiales de construcción fueron muy económicos, ladrillo y cemento principalmente. Las personas que las ocuparon eran de condición social humilde y las posibilidades de pago fueron muy ventajosas.

El ámbito tomado como ejemplo, de forma triangular, está limitado por el barranco del Ábaco y la carretera de Estella, en el acceso al núcleo. Es un ámbito de gran homogeneidad morfológica, constituyendo el conjunto urbano más unitario de Tafalla, junto con la promoción colindante.

año 1957 | año 2023

Figura 40. Ortofotos de Grupo San Sebastián en Tafalla. Fuente: Geoportal de Navarra.

 Estructura y morfología urbana

Las viviendas se desarrollan a lo largo de calles curvas paralelas y se dividen en dos tipos: las viviendas adosadas para empleados, en el frente de la carretera, y las viviendas pareadas para labradores, en el resto del ámbito. Perpendiculares a la fachada, los patios traseros, antes dedicados a usos agrícolas y ganaderos hoy son en su mayoría garajes. En las viviendas pareadas, el frente de fachada se ha ido completando con la ampliación de la vivienda o garajes, pasando a ser en algunos casos un frente continuo.

En las fachadas frente a la carretera destacan las ménsulas curvas, los balcones de forja y la coherencia cromática y material entre las viviendas. En las calles interiores, se percibe una mayor heterogeneidad, si bien se mantienen los elementos principales como el arco de entrada a las viviendas.

Figura 41. Calle Ábaco en Grupo San Sebastián.

Usos y actividad

Todas las plantas bajas del área son viviendas o garajes, por lo que carecen de actividad económica. Además, en lugares cercanos al área tampoco se observa actividad económica, aunque cabe destacar que el área se encuentra junto a la calle Tubal, uno de los principales ejes de acceso al Casco Histórico.

Los espacios libres del barrio se pueden diferenciar, según su actividad, en los conectores, como la avenida de Estella y calle Ábaco, donde predomina la ocupación del vehículo privado, y la calle interior del ámbito, de carácter más peatonal, aunque no se percibe un gran uso del mismo más allá del tránsito y el aparcamiento.

Tejido social y vulnerabilidad urbana

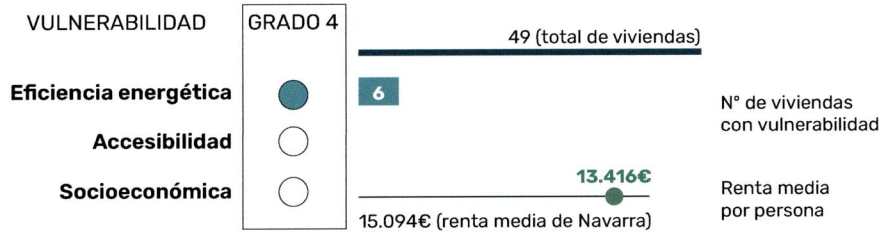

Tafalla cuenta con un índice de envejecimiento bastante elevado y una tasa migratoria del 10%.

El ámbito tiene un grado 4 de vulnerabilidad, siendo su mayor problema la eficiencia energética, ya que, pese a que se encuentran en buen estado, la mayoría de sus edificaciones se reformaron en la década de 1980.

Debido a la baja altura de las viviendas, no presentan problemas de accesibilidad.

Medioambiente urbano

La presencia del verde urbano en el ámbito se limita al arbolado lineal distribuido por las calles (plataneros) que proporcionan algo de sombra al viario. La calle Ábaco cuenta con una franja verde en mal estado en su parte central que constituye un espacio de oportunidad para mejorar el impacto que tiene el tráfico rodado de esta vía sobre el límite oeste del ámbito.

El interior de las parcelas, a pesar de su potencial en cuanto a la infraestructura verde, se encuentra colmatado casi en su totalidad por la edificación.

Normativa, planes y proyectos

Todo el ámbito de estudio se clasifica como suelo urbano consolidado. La normativa municipal de referencia es el Plan General de Ordenación Urbana de 1994.

Percepción y afectos

Se puede generar una percepción de inseguridad en el ámbito debido a la falta de actividad en el espacio público y la cercanía a dos vías de comunicación con bastante tráfico. En este sentido, la calle Ábaco constituye un borde urbano sobre el que trabajar.

Existe cierto arraigo debido a la vinculación de los vecinos en el propio proceso constructivo de las viviendas.

Las viviendas han ido adquiriendo una caracterización propia, a partir de cambios cromáticos y de materialidad, pero manteniendo los elementos característicos del conjunto.

Tudela

Ámbitos de estudio

	Nombre	Nº viv.	Año	Promotor	Arquitecto
1	Barrio de Lourdes (I)	80	1954	Patronato Francisco Franco	
2	Barrio de Lourdes (II) Santa Ana	114			Domingo Ariz
3	Barrio de Lourdes (III) San Francisco Javier	152	1955	Obra Sindical del Hogar y Arquitectura	
4	Barrio de Lourdes. Dotaciones				
5	Barrio de Lourdes (IV)	250	1959	Patronato Francisco Franco	

Con el Barrio de Lourdes, llamado popularmente "Las casas baratas", se trató de dar respuesta al gran proceso migratorio derivado del éxodo rural que acogió Tudela. Se desarrolla a mediados de los 50 a iniciativa del Padre Lasa, a las afueras de la ciudad, y se completa con una pieza dotacional que incluía una tienda, el Hogar del Productor, la iglesia y la casa parroquial, el Hogar del Frente de Juventudes y una escuela. Las viviendas, de bajo coste, respondían a diferentes tipologías según la promoción, algunas incluían locales comerciales con cuyo alquiler se financió la venta a precio de coste de las viviendas.

año 1966 · año 2023

Figura 42. Ortofotos del barrio de Lourdes en Tudela. Fuente: Geoportal de Navarra.

 Estructura y morfología urbana

Cada grupo residencial del barrio de Lourdes, construido por etapas, caracteriza y diferencia las distintas zonas del barrio. Se organiza en una estructura reticular articulada por grandes viarios con las piezas de equipamientos situadas en el centro.

La mayor parte está constituido por viviendas unifamiliares adosadas o pareadas de una o dos alturas con patio trasero perpendicular a la fachada, donde se realizaban originalmente usos de tradición rural. Estos patios han ido alojando edificaciones auxiliares, hoy convertidas en su mayoría en garajes o en extesiones de las viviendas, si bien algunas conservan espacio libre de parcela.

El frente de fachada se ha ido también modificando con el tiempo, además de por las ampliaciones de vivienda o garajes, que en algunos casos completan un frente de fa-

Figura 43. Barrio de Lourdes.

3. Caracterización del paisaje

Integración del paisaje en la regeneración integral de barrios de iniciativa pública. Periodo 1950-1985 en Navarra

chada que se vuelve continuo, por modificaciones cromáticas y en los materiales de cerramiento. Aunque algunas edificaciones han eliminado elementos característicos (arcos de entrada en piedra, ornamentos circulares en el frontón) no se ha perdido la imagen de conjunto. Destacan como elementos, las ménsulas y la forja de los balcones del grupo Santa Ana, los arcos de entrada a las viviendas recubiertos de piedra en el Grupo IV o el característico perfil a dos aguas de las viviendas del Grupo I. Sí que se detectan, sin embargo, algunas construcciones recientes de estilos diversos que, sustituyendo a las anteriores o a través de reformas integrales, rompen el paisaje residencial del conjunto.

Las viviendas colectivas se organizan de forma lineal entre las calles Moncayo y Estanque. Son bloques abiertos organizados por pares con un espacio interbloque privado y fragmentado por portales entre ambos, en algunos casos accesible. La conservación y uso de estos espacios varía ampliamente, desde lugares cuidados comunitariamente a zonas muy degradadas que tienen incidencia sobre el espacio público. La linealidad de la trama se rompe para dar lugar a la plaza del Padre Lasa, en torno a la cual se organizan algunos bloques de viviendas y dotaciones, con acabados algo más elaborados en ladrillo caravista y una planta baja porticada.

Los edificios destinados a equipamientos siguen una estética similar, una arquitectura racional donde predomina el uso del ladrillo caravista como material.

Usos y actividad

La actividad cotidiana se articula principalmente alrededor de la plaza Padre Lasa, espacio público de mayor importancia en el barrio, recientemente reformada, y en la Avenida del Barrio. Esta zona acoge la principal actividad comercial y hostelera, dotaciones como la policía municipal y la iglesia de Nuestra Señora de Lourdes. Su alta actividad se ve apoyada por el equipamiento infantil, el mobiliario urbano de calidad y un diseño confortable. En la misma pieza central pero hacia el interior del barrio se ubican los equipamientos del barrio como la escuela infantil, el centro cívico o el colegio de los Jesuitas.

La Avenida del Barrio es límite y eje pricipal del ámbito, tanto de tránsito peatonal como rodado y se encuentra bien equipada a nivel urbano, con espacios para sentarse y zonas vegetadas (algunas de ellas con intervenciones vecinales). Es la zona con mayor densidad de servicios de proximidad y de conexión con otras zonas de Tudela. Justo enfrente se encuentra el Cine Moncayo, que aunque se encuentra ya fuera del ámbito constituye otro foco de actividad en la zona.

La calle Ador, que cuenta con carril bici, atraviesa el ámbito de este a oeste y es otro de los ejes principales del barrio. En dirección norte-sur, se identifica como el eje de mayor tránsito y uso la calle Río Madre, con el parque María Álava como principal punto de actividad en esta zona este. El resto de calles carecen de actividad y jerarquía, siendo zonas de uso vecinal y aparcamiento. En ellas se observa un uso doméstico volcado hacia el espacio público que recuerda a la cultura rural.

Espacio interbloque   Viviendas unifamiliares   Viviendas colectivas

Figura 44. Detalles del paisaje residencial.

Tejido social y vulnerabilidad urbana

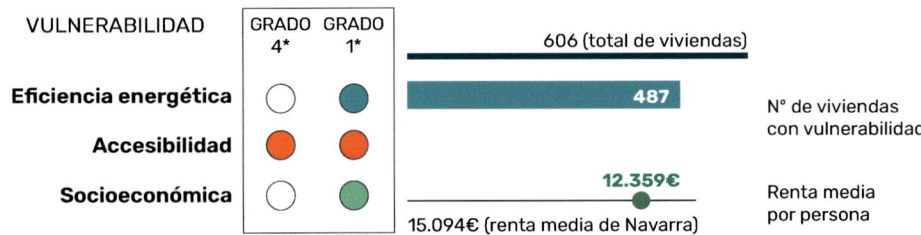

VULNERABILIDAD — GRADO 4* — GRADO 1*

	GRADO 4*	GRADO 1*
Eficiencia energética	○	●
Accesibilidad	●	●
Socioeconómica	○	●

606 (total de viviendas)

487 — N° de viviendas con vulnerabilidad

12.359€ — Renta media por persona

15.094€ (renta media de Navarra)

* Distintos grados de vulnerabilidad en el mismo barrio

Tudela es, después de Beriáin, el municipio con la tasa de envejecimiento más baja, aunque creciente desde el año 2010. Su población ha aumentado desde el año 2000 debido a la tasa de inmigración extranjera.

Los grupos residenciales analizados presentan grados de vulnerabilidad diferentes, con zonas como el Grupo I y el Grupo Santa Ana con grado 4 relativo a la eficiencia energética. Otras zonas más vulnerables con grado 1 son los grupos de San Francisco y el Grupo IV, que presentan una combinación de los tres factores de vulnerabilidad.

En términos generales, la accesibilidad no representa un gran problema en el barrio debido a la gran cantidad de viviendas unifamiliares. Por otro lado, gran parte de estas viviendas no han sido rehabilitadas desde su construcción, por lo que la eficiencia energética constituye el principal problema común en todo el barrio.

En cuanto al tejido social, el barrio mantiene un carácter de rasgos rurales, al que se suma la diversidad cultural fruto de procesos migratorios.

Medioambiente urbano

En general, la presencia de verde urbano es escasa en los distintos grupos, a excepción de los grandes espacios vegetados.

Destacan por su confort climático la plaza Padre Lasa, con arbolado diverso de gran porte y presencia de suelo permeable y el parque María de Álava, tambien con arbolado denso aunque presenta una menor calidad del espacio público.

En cuanto al viario, encontramos vegetación en la Avda. del Barrio, con arbolado y grandes alcorques y jardineras donde se aprecian intervenciones comunitarias. En menor medida, cuentan con arbolado de alineación algunas calles, aunque por norma general el viario carece de arbolado. Cabe destacar que se ha incorporado arbolado a las calles reurbanizadas recientemente.

En los espacios vinculados a las viviendas, encontramos zonas vegetadas en algunos de los espacios interbloque de las viviendas colectivas, así como en los patios traseros de las viviendas unifamiliares.

Normativa, planes y proyectos

Todo el ámbito de estudio se clasifica como suelo urbano consolidado. La normativa municipal de referencia es el Plan General de Ordenación Urbana de 1991.

El barrio de Lourdes ha sido y está siendo objeto de diversos proyectos de regeneración urbana, tanto del espacio público como rehabiltación de viviendas, comenzando por el Plan Lourdes Renove 2010-2014, tras el cual se realizaron algunos proyectos piloto en el ámbito. Actualmente el proceso continúa desde 2019 bajo el nombre de Tudela Renove.

Percepción y afectos

Se percibe un reflejo sobre el espacio público de la actividad doméstica (maceteros, cortinas en las puertas, etc.), así como elementos decorativos en fachadas.

La construcción del barrio, realizada con la colaboración de los propios vecinos, ha marcado posiblemente el sentimiento de arraigo actual, estrechamente vinculado con una imagen y personalidad rural característica. Este carácter contrasta, además, con su entorno próximo, de edificaciones de mayor altura y carácter urbano.

Destaca en el barrio el impacto positivo de las zonas vegetadas a nivel sonoro.

Intervención vecinal en alcoques

Espacios interbloque comunitarios

Reflejo de la actividad doméstica en fachadas

Figura 45. Detalles del paisaje residencial.

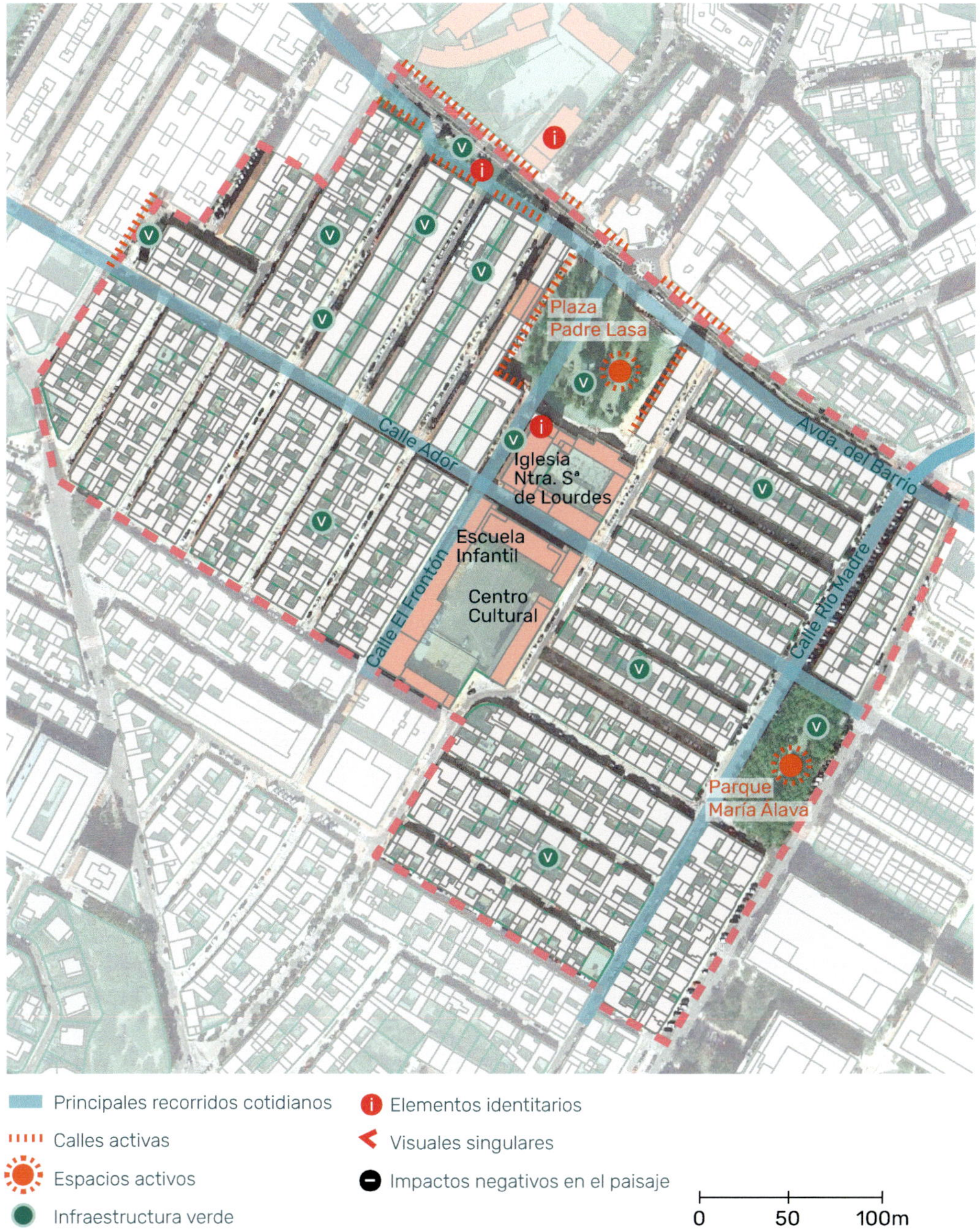

Principales recorridos cotidianos
Calles activas
Espacios activos
Infraestructura verde

Elementos identitarios
Visuales singulares
Impactos negativos en el paisaje

0   50   100m

Figura 46. Mapa de percepciones del Barrio de Lourdes. Elaboración propia

Figura 47. Tafalla. Fuente: ACN. Memoria del Patronato Benéfico de la Construcción Francisco Franco. MCML-MCMLV. 243411/1.

3. Caracterización del paisaje

Integración del paisaje en la regeneración integral de barrios de iniciativa pública. Periodo 1950–1985 en Navarra

3.3. Diagnóstico: valores y fragilidades del paisaje

Partiendo del análisis de las áreas residenciales escogidas, así como de una mirada amplia al conjunto de promociones de la época, se realiza una tipificación buscando agrupar las áreas en distintos **tipos de paisaje residencial**, de forma que se puedan identificar con mayor facilidad los valores y las fragilidades de cada paisaje, generando puntos en común entre las diferentes áreas residenciales. Se trata de un ejercicio de síntesis realizado a partir de los elementos característicos y los generadores de identidad de cada uno de los tipos de paisaje, que servirá para proponer criterios y propuestas transferibles a las distintas áreas residenciales desarrolladas entre 1950-1985. De cara a la aplicación de los criterios sobre otras áreas residenciales, hay que tener en cuenta que estas tipologías no son estancas, sino que pueden surgir situaciones híbridas entre unas y otras.

Los tipos de paisaje se agrupan en tres grandes grupos, derivados principalmente de las tipologías arquitectónicas de sus edificaciones residenciales, y 5 subtipos, relacionados con el carácter de la escena urbana.

PROMOCIONES DE VIVIENDA COLECTIVA EN BLOQUE

Esta tipología agrupa los edificios de viviendas en bloque, de planta baja más tres alturas. En general todas ellas, incluída la baja, se dedican a vivienda, con alguna excepción de local comercial u hostelero. Son viviendas con doble orientación, mayoritariamente agrupadas de 8 en 8, con dos viviendas por planta. En general, se construyen a partir de los años 60, de carácter urbano y mayor densidad, buscando rentabilizar terrenos y recursos.

(2) Paisaje de bloque abierto

(2*) Paisaje de bloques compuestos

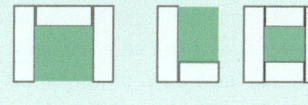

PROMOCIONES DE VIVIENDA UNIFAMILIAR

Esta tipología agrupa las promociones compuestas por viviendas unifamiliares en planta baja o en 2 plantas, que pueden ser pareadas o adosadas. Algunas cuentan con espacio libre posterior de patio, que en muchos casos han ido ocupándose con edificios anexos a la vivienda. Datan en su mayoría de los años 50 y 60, y fueron construidas desde una perspectiva rural.

(1) Paisaje rural de vivienda unifamiliar

(1*) Paisaje rural con carácter de conjunto

OTRAS TIPOLOGÍAS

Por último, las tipologías más recientes, construidas principalmente entre los años 70 y 80, con diseños más singulares que se adaptan a casos específicos y planeamientos urbanísticos aplicables. Las plantas bajas de muchas de estas promociones se diseñan con espacios de garaje.

(3) Paisaje de conjunto singular

A continuación se exponen las conclusiones identificadas para cada tipo, sin olvidar que existen otros factores que influyen en todos ellos o de forma particular y que quedan recogidos en el apartado 3.2. de análisis de condicionantes.

PROMOCIONES DE VIVIENDA UNIFAMILIAR

(1) Paisaje rural de vivienda unifamiliar

Paisaje rural con edificaciones de baja densidad, adosadas o pareadas, que se caracterizan por su alta replicabilidad espacial, parcial autoconstrucción y una composicón de fachada sencilla que puede incorporar algún elemento singular. La uniformidad original se ha ido diversificando con la iniciativa de cada familia hasta configurar un paisaje heterogéneo pero compartido.

 Son zonas por lo general extensas, organizadas en retícula ortogonal, lo que facilita su conexión con la trama urbana colindante. La baja calidad inicial de los materiales se ha ido compensando con las reformas realizadas de forma individual. La gran longitud de algunas de las calles genera una falta de hitos en el paisaje. Cabe destacar la adaptabilidad de estas viviendas a los estándares de vida actuales.

 Aunque existen edificaciones donde la actividad residencial se sustituye por actividad comercial u hostelera, son ámbitos con una baja diversidad de actividad en planta baja que no genera actividad en el espacio público. En algunas zonas se advierte la utilización de estas calles, de carácter vecinal, para usos estanciales o comunitarios, propio de entornos rurales. La conexión entre el entorno doméstico y el público es alta en las calles principales, no así en las traseras.

 La acción individual es la que marca la adaptación y reforma de cada edificación, por lo que esta depende de las características socioeconómicas y culturales de cada familia.

 La presencia del verde urbano en estos ámbitos es baja; en general, se limita al interior de las parcelas. Aunque estas tienen gran potencialidad para favorecer la naturalización global de los ámbitos, muchas han sido ocupadas con edificaciones auxiliares.

 El nivel de transformación en cada ámbito es variable. En alguno de ellos se han construido viviendas de nueva planta que rompen el carácter del ámbito. Cabe reflexionar acerca del nivel de conservación o transformación de los elementos característicos de cada ámbito, y el papel de la normativa municipal en los mismos.

 Existe arraigo a estos barrios y se percibe una alta vinculación de los vecinos. En muchos casos se identifican micropaisajes cotidianos en el exterior de las viviendas (maceteros, ornamentación). Aunque la falta de actividad en el espacio público puede generar en algunos casos sensación de inseguridad, el vínculo entre los espacios domésticos y los públicos es alto, favoreciendo los "ojos a la calle".

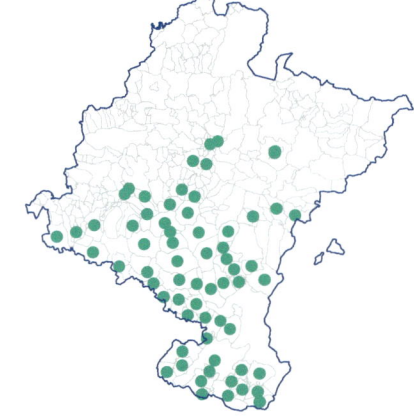

Figura 48. Ubicación de las promociones.

De las promociones analizadas se encuentran en este subtipo:

- Grupo La Paz, Azagra (1965)

- Barrio La Merced, Estella-Lizarra (1955)

- Grupo San Sebastián, Tafalla (1953)

- Barrio de Lourdes, Tudela (1954)

Figura 49. Arguedas, 57 viviendas 1959

Figura 50. Andosilla, 32 viviendas 1958

Figura 51. Aibar, 26 viviendas 1955

Figura 52. Grupo San Sebastián, Tafalla. Fuente: ACN. Memoria del Patronato Benéfico de la Construcción Francisco Franco. MCML-MCMLV. 243411/1.

Figura 53. Grupo San Sebastián, Tafalla. 1969. Fuente: AGN, FOT_FOAT_1237.

3. Caracterización del paisaje

Integración del paisaje en la regeneración integral de barrios de iniciativa pública. Periodo 1950-1985 en Navarra

PROMOCIONES DE VIVIENDA UNIFAMILIAR

(1*) Paisaje rural con carácter de conjunto

Paisaje rural con viviendas unifamiliares de una o dos plantas, donde predomina el carácter homogéneo del área, la armonía estética y destaca la alta conservación de la imagen conjunta. Aunque son construcciones sencillas, se incorporan elementos decorativos en la composición de las fachadas y la utilización de elementos compositivos que recuerdan a las construcciones tradicionales de su entorno. Algunas parcelas cuentan con una fachada principal y otra posterior.

 Se identifica una mayor jerarquía viaria en el diseño de estos ámbitos, aunque su estructura propia puede dificultar la conexión con el resto de la trama urbana. Esto genera, también, espacios públicos de interés muy vinculados a las viviendas. El nivel de conservación es en general mayor que en el caso de las viviendas colectivas. En ellos se han mantenido los elementos regionalistas de las promociones tradicionales, y cuando se han añadido otros nuevos, se ha hecho en general de forma unitaria. Son predominantes en las zonas del norte de Navarra.

 Por lo general, las plantas bajas tienen uso de vivienda, por lo que la diversidad de actividad en estas áreas es baja, aunque se detecta algún uso puntual comercial u hostelero. Como en los paisajes residenciales populares, la conexión entre el entorno doméstico y el público es alta en las calles principales, no así en las traseras.

 Se identifica, en general, un cuidado y conservación unitario del entorno, mayor que en zonas de vivienda colectiva. Sin embargo, esto puede variar en casos donde se concentra población en situación de vulnerabilidad.

 La proliferación de edificaciones auxiliares ha dejado poco espacio libre de parcela para zonas vegetadas, aunque estas resultan potenciales. La presencia de vegetación en el viario varía en función del ámbito.

 Las intervenciones realizadas guardan una coherencia estética, en algunos casos recogida en la normativa municipal.

 El sentimiento de arraigo se manifiesta en el cuidado y embellecimiento de las viviendas y del espacio público, así como en la toma de decisiones conjuntas respecto a rehabilitaciones. En algunos casos, el uso comunitario del espacio público habla de costumbres y sentimiento de barrio.

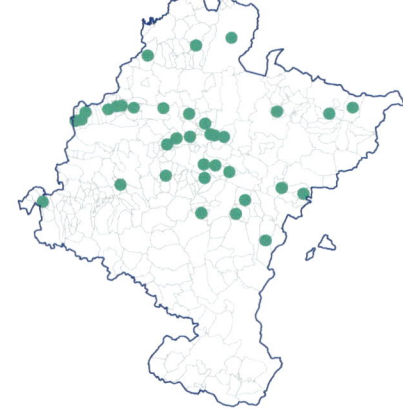

Figura 54. Ubicación de las promociones.

De las promociones analizadas se encuentran en este subtipo:

*   Grupo San Pedro, Alsasua (1956)

*   Barrio de Santiago, Espinal (1958)

*   Giltxaurdi-Azanborda, Elizondo (1954)

Figura 55. Leitza, 10 viviendas 1954

Figura 56. Arazuri, 6 viviendas 1953

Figura 57. Doneztebe, San Miguel, 14 viviendas 1955

Figura 58. Giltxaurdi, Foto aérea de Elizondo. 1996. Fuente: AGN, FOT_FOAT_2273.

Figura 59. Barrio Santiago, foto aérea de Espinal. 1981. Fuente: AGN, FOT_FOAT_2678.

3. Caracterización del paisaje

Integración del paisaje en la regeneración integral de barrios de iniciativa pública. Periodo 1950-1985 en Navarra

PROMOCIONES DE VIVIENDA COLECTIVA EN BLOQUE

(2) Paisaje de bloque abierto

Son los conformados por edificaciones colectivas en bloque abierto dispuestas de forma lineal, bien en paralelo o a tresbolillo, con espacios libres interbloque de uso público o comunitario. Han sido ampliamente replicados a lo largo del territorio navarro y estatal.

Figura 61. Villava, 120 viviendas 1964

 Las principales fragilidades son la baja calidad habitacional (accesibilidad, eficiencia energética) y las dimensiones reducidas de las viviendas. También, de forma generalizada, la falta de espacios domésticos, como balcones, que vinculen el interior con el exterior. El uso en planta baja de las viviendas está en ocasiones muy expuesto al viario. Los espacios verdes interbloque constituyen una fortaleza para su uso tanto vecinal como público, además de poder aprovecharse para la instalación de ascensores. La gran cantidad de edificaciones de este tipo hace que las soluciones adaptadas puedan ser replicables en otros ámbitos.

 En general, los bloques carecen de actividades en planta baja que diversifiquen el uso residencial, generando un paisaje uniforme y calles con poco atractivo y mezcla de usos. Ante la falta de espacios domésticos amplios, el uso de espacios públicos o comunitarios se hace imprescindible.

 La alta densidad en los bloques y la organización en comunidades vecinales puede facilitar el desarrollo de proyectos de regeneración donde el papel vecinal es clave (como comunidades energéticas). Se detectan dificultades en la rehabilitación cuando se trata de zonas vulnerables. Las edificaciones en mal estado de conservación pueden atraer población vulnerable.

 Los espacios interbloque constituyen un gran espacio de oportunidad. Se encuentran en general poco equipados o vegetados, con poca biodiversidad o falta de carácter, pero aquellos bien adecuados suponen un gran valor en el paisaje.

 Son de interés proyectos integrales donde se contempla la instalación de ascensores, colocación de envolventes térmicas, instalaciones de paneles solares, junto con otras mejoras habitacionales como la apertura de balcones o transformaciones del espacio público para dotar de mejores condiciones a las viviendas en planta baja.

 Domina un paisaje percibido marcado por la homogeneidad de las fachadas (a analizar al abordar la colocación de envolventes) y la linealidad de las calles. En algunos casos, se identifican impactos negativos como el cableado en fachada o espacios interbloque degradados.

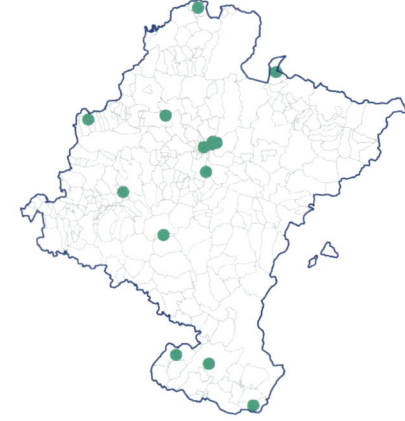

Figura 60. Ubicación de las promociones.

De las promociones analizadas se encuentran en este subtipo:

- Alzania, Alsasua (1965)

- Barrio La Merced, Estella-Lizarra (1955)

- Potasas, Beriáin (1962)

- Barrio de Lourdes, Tudela (1954)

Figura 62. Burlada, 56 viviendas 1958

Figura 63. Castejón, 96 viviendas 1959

Figura 64. Alzania, foto aérea de Alsasua, 1982. Fuente: AGN, FOT_FOAT_0036.

Figura 65. Potasas, foto aérea de Beriáin. 1963. Fuente: AGN, FOT_FOAT_2747.

3. Caracterización del paisaje

Integración del paisaje en la regeneración integral de barrios de iniciativa pública. Periodo 1950-1985 en Navarra

PROMOCIONES DE VIVIENDA COLECTIVA EN BLOQUE

(2*) Paisaje de bloques compuestos

Son aquellos caracterizados por bloques de vivienda colectiva que por su disposición en forma de L o U dan lugar a visuales cerradas y a espacios de encuentro públicos o comunitarios.

 Además de las fragilidades que comparte con los paisajes de bloque abierto en matriz, relativas al tamaño y calidad de las viviendas, destacan como potencialidad de estos ámbitos los espacios libres de encuentro que se generan gracias a su geometría, y que tienden a ser articuladores del barrio.

 Los espacios libres son receptores de actividad y aglutinan gran parte de la vida cotidiana si son confortables y están bien equipados. En caso contrario, debido al cierre espacial, suponen espacios fácilmente conflictivos. En esta tipología se identifica una mayor presencia de paisajes comerciales que favorecen la diversidad de usos.

 Comparte las fragilidades y potencialidades con el tipo de bloque abierto en matriz.

 El tratamiento de los espacios libres y su nivel de naturalización es clave en estos ámbitos, ya que puede condicionar de forma rotunda positiva o negativamente su calidad ambiental.

 Los proyectos de mejora de los espacios públicos tienen un gran impacto sobre el paisaje residencial y los entornos domésticos y, por tanto, sobre el trabajo de los cuidados, beneficiando especialmente a la población con menos recursos.

 Cuando los bloques conforman espacios muy cerrados en sí mismos pueden resultar inseguros si no hay una buena conectividad, un buen diseño del espacio o diversidad de usos y personas usuarias. En algunas áreas se identifican micropaisajes cotidianos fruto de intervenciones vecinales, especialmente volcados hacia los espacios comunitarios.

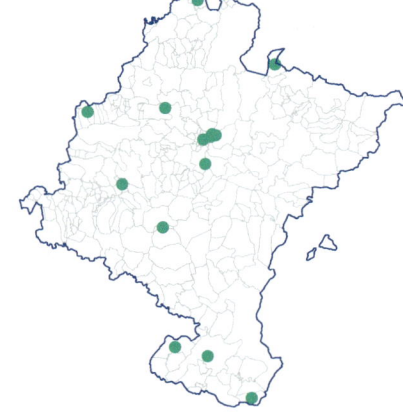

Figura 66. Ubicación de las promociones.

De las promociones analizadas se encuentran en este subtipo:

- Grupo La Paz, Azagra (1965)
- Zumalacárregui, Alsasua (1975)
- Barrio La Merced, Estella-Lizarra (1955)
- Barrio de Lourdes, Tudela (1954)

Figura 67. Estella-Lizarra, 64 viviendas 1958

Figura 68. Azagra, 222 viviendas 1965

Figura 69. Alsasua, 386 viviendas 1975

3. Caracterización del paisaje

Integración del paisaje en la regeneración integral de barrios de iniciativa pública. Periodo 1950-1985 en Navarra

gura 70. Zumalacárregui, Foto aérea de Alsasua, 2001. Fuente: AGN, FOT_FOAT_0049.

Figura 71. Grupo La Paz. Foto aérea de Azagra. 1981. Fuente: AGN, FOT_FOAT_0217.

3. Caracterización del paisaje

Integración del paisaje en la regeneración integral de barrios de iniciativa pública. Periodo 1950-1985 en Navarra

OTRAS TIPOLOGÍAS

(3) Paisaje de conjunto singular

Son tejidos residenciales edificados entre 1975-1985 que responden a desarrollos de mayor densidad diseñados específicamente para cada emplazamiento. Cuentan con un diseño de la edificación y del espacio público, cuando lo hay, más elaborado, distinguiéndose formalmente del entorno.

Debido a su desarrollo posterior, cuentan con una mayor calidad edificatoria y de diseño, si bien carecen en su mayoría de espacios exteriores domésticos y cuentan también con barreras arquitectónicas que dificultan el acceso a las viviendas. La proximidad del espacio público a las viviendas construye un paisaje vecinal que puede ser interesante. Sin embargo, su condición de conjunto cerrado al tejido urbano colindante no facilita su dinamización.

En general, proliferan en la época los garajes individuales en planta baja, generando poca diversidad de actividad hacia el espacio público y conformando una fachada en planta baja de poco interés.

Comparte las fragilidades y potencialidades con los otros tipos de vivienda colectiva.

Aunque estos conjuntos no siempre cuentan con zonas verdes asociadas, suelen tener un carácter y diseño propios.

La coordinación entre todos los vecinos es imprescindible para abordar proyectos de regeneración, debido a su carácter de conjunto. Esto puede suponer una dificultad a la hora de abordar los proyectos.

La percepción desde el exterior es la de conjuntos cerrados al entorno residencial, aunque los espacios vecinales son interesantes.

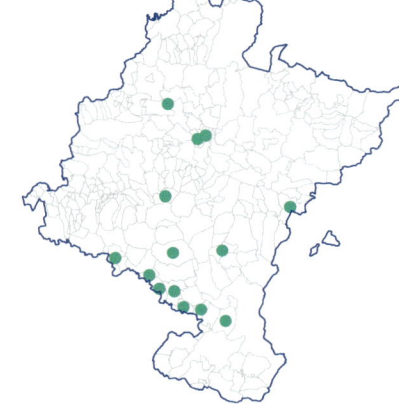

Figura 72. Ubicación de las promociones.

De las promociones analizadas se encuentran en este subtipo:

- Vadoluengo, Sangüesa (1985)

Figura 73. Sangüesa, 67 viviendas 1985

Figura 74. Arguedas, 30 viviendas 1982

Figura 75. Buñuel, 50 viviendas 1982

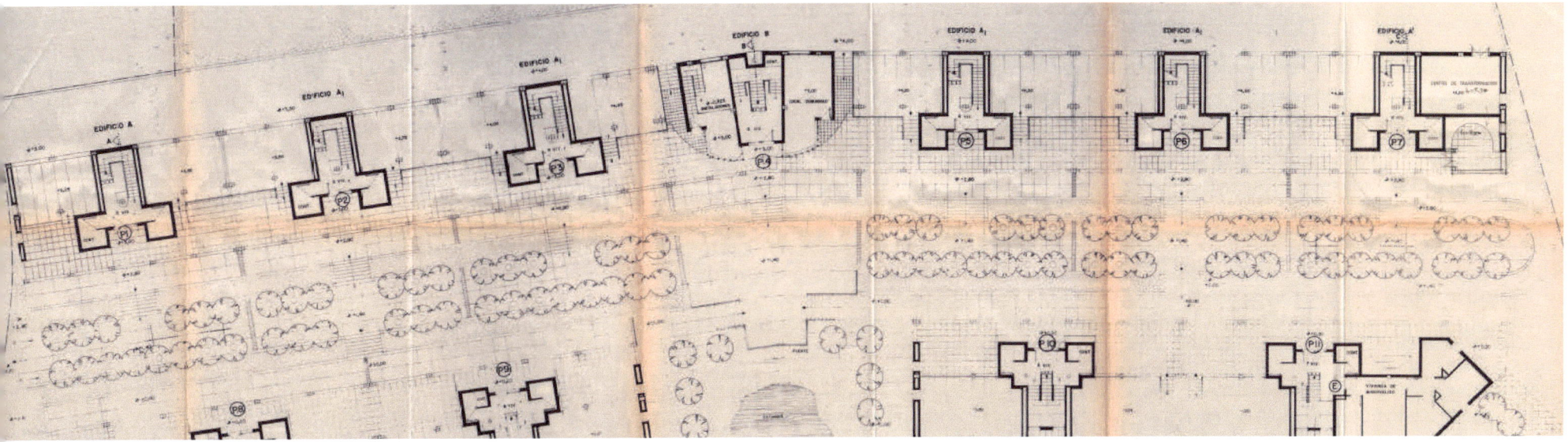

Figura 76. Planta de viviendas de Vadoluengo, Sangüesa. Fuente: ACN. Industria. 220329/7.

Figura 77. Planta de viviendas de Vadoluengo, Sangüesa. Fuente: ACN. Industria. 220329/7.

3. Caracterización del paisaje

Integración del paisaje en la regeneración integral de barrios de iniciativa pública. Periodo 1950-1985 en Navarra

ELEMENTOS COMUNES

Dentro de los paisajes residenciales hay elementos urbanos que los caracterizan y singularizan, que son fundamentales en el vivir cotidiano de cada barrio. Se trata de los equipamientos, espacios públicos de estancia y el viario, tres aspectos clave del urbanismo centrado en las personas.

Equipamientos

Los equipamientos constituyen en muchos casos hitos singulares en los paisajes residenciales, a menudo homogéneos. Son a su vez elementos tractores de la actividad barrial, articulan los desplazamientos cotidianos y proporcionan espacios de reunión vecinal.

Destaca su potencialidad para ofrecer un esponjamiento temporal de la trama urbana y proporcionar espacios libres en casos con carencia. Es el caso, por ejemplo, de los colegios donde es posible la apertura de los patios escolares, o la realización de actividades como mercadillos, como sucede en el Poblado de Potasas.

En distintos casos de estudio encontramos varios equipamientos en una misma pieza dotacional, dado que se desarrollaron de forma conjunta, con coherencia en su diseño y materialidad. Esta coherencia se ve alterada en algunos casos en los que las posteriores reformas o sustitución de las edificaciones han sido realizadas sin tener en cuenta su impacto sobre el conjunto del paisaje.

Espacios públicos de estancia

Los espacios públicos confortables y bien adecuados son clave en el día a día de los barrios, y escenarios de eventos y actividades cotidianas de las áreas analizadas. Sin embargo, en algunos ámbitos se identifican espacios públicos de estancia poco equipados, con falta de vegetación biodiversa, carencias en el mobiliario o que padecen el impacto excesivo del coche sobre el mismo.

Además de las principales plazas, destacan los pequeños espacios públicos con gran potencial para los micropaisajes vecinales, como es el caso de Potasas, el barrio de Lourdes, el Grupo La Paz o Giltxaurdi. Todos ellos con capacidad de mejora en cuanto a naturalización, confort o adecuación del mobiliario.

La iniciativa vecinal sobre los pequeños espacios verdes de algunos ámbitos como en el Barrio de Lourdes denota arraigo y custodia compartida del paisaje, y puede ser replicada en otros ámbitos.

Conexiones y viarios

La dimensión de las secciones viarias en relación con la altura de la edificación es, en general, proporcionada y adecuada a cada paisaje residencial. Sin embargo, las fragilidades vinculadas a la mayoría de calles tienen que ver con el gran impacto del coche, con una distribución poco equitativa del espacio para el peatón y con la gran superficie destinada a aparcamientos.

En muchas calles, la falta de naturalización, de mobiliario urbano o la dimensión estrecha de las aceras conforma un paisaje poco confortable. Aunque se están realizando reurbanizaciones del viario que mejoran la accesibilidad, éstas no siempre tienen en cuenta la incorporación de arbolado y vegetación para mejorar la calidad ambiental y paisajística de las mismas. Además, el diseño de muchos viarios no da respuesta a las necesidades de las viviendas en planta baja, tan comunes en las distintas promociones.

La dimensión de casi la totalidad de los viarios analizados permite adoptar soluciones que contemplen todos estos usos y mejoras.

Figura 78. Casa de la Cultura en Beriáin.

Figura 79. Espacio público en Azagra.

Figura 80. Viario en Tudela.

Figura 81. Plaza de Juan Carlos I, espacio público del Grupo La Paz, Azagra.

4. Criterios y propuestas de integración paisajística

4.1. Estrategia de calidad paisajística

4.2. Propuestas y criterios generales

4.3. Propuestas y criterios por tipologías de paisaje

Figura 82. Tudela

4. Criterios y propuestas de integración paisajística

Integración del paisaje en la regeneración integral de barrios de iniciativa pública. Periodo 1950–1985 en Navarra

4.1. Estrategia de calidad paisajística

La estrategia de calidad paisajística reconoce como base teórica la consideración del patrimonio construido como depósito estratificado de una memoria social y colectiva cuya resignificación ha de hacerse de manera interdisciplinar y democrática.

Y por ello la propuesta de calidad paisajística define un marco organizado en tres

ejes u objetivos transversales, que atiende a los valores y fragilidades compartidas de los entornos residenciales estudiados y que permiten comprender el paisaje como patrimonio colectivo vivo clave, a reconocer, adaptar y poner en valor a través de la regeneración integral y participativa de los barrios.

E1

Un paisaje adaptativo

CONFORT, CALIDAD DE VIDA, RESPUESTA AL CAMBIO CLIMÁTICO

E2

Un paisaje con memoria

IDENTIDAD, ARRAIGO COLECTIVO, RESTITUCIÓN CULTURAL

E3

Un paisaje participado

COHESIÓN SOCIAL, CUIDADOS, GOBERNANZA

Objetivo general: adecuar los tejidos residenciales a los estándares actuales, favoreciendo la calidad de vida de sus habitantes y dando respuesta a los nuevos retos vinculados al cambio climático.

Objetivos de calidad paisajística:

- **E1.01.** Mejorar el funcionamiento energético de las edificaciones.

- **E1.02.** Eliminar barreras arquitectónicas y fomentar la accesibilidad universal, tanto en espacios públicos como privados.

- **E1.03.** Adecuar y naturalizar espacios libres, públicos y privados, y mejorar el funcionamiento ecológico y el metabolismo urbano.

Objetivo general: conocer, conservar y restituir el carácter propio y patrimonial de cada tejido residencial, fortaleciendo el arraigo colectivo y una mirada sensible al patrimonio.

Objetivos de calidad paisajística:

- **E2.01.** Identificar los elementos singulares que caracterizan las áreas residenciales, desde una mirada social al paisaje.

- **E2.02.** Impulsar la valoración colectiva del paisaje propio y la construcción de imaginarios compartidos de cara a futuras transformaciones.

- **E2.03.** Impulsar la custodia compartida del paisaje patrimonial.

Objetivo general: asegurar la apropiación y la proyección social de las futuras intervenciones sobre el paisaje y favorecer la integración de perspectivas y necesidades diversas en la regeneración urbana.

Objetivos de calidad paisajística:

- **E3.01.** Implicar a la población general y a los distintos agentes que intervienen en la transformación del paisaje.

- **E3.02.** Reconocer e incorporar la diversidad de usos y de necesidades, así como las posibles vulnerabilidades de las personas residentes.

- **E3.03.** Integrar criterios relacionados con distintas subjetividades.

4.2. Propuestas y criterios generales

Criterios generales para la integración de la estrategia de calidad paisajística en la regeneración integral de áreas residenciales de promoción pública 1950-1985

Lograr los objetivos de calidad paisajística en la regeneración integral de las áreas residenciales construidas entre 1950-1985 exige entender los proyectos de regeneración urbana como procesos en los que, desde una perspectiva interdisciplinar, integrada y participativa, se combinen diferentes enfoques, tiempos, agentes y tipologías de intervención.

En este contexto, la experiencia del Gobierno de Navarra en materia de rehabilitación y regeneración de entornos residenciales similares a los estudiados se presenta como un punto de partida relevante para el desarrollo de propuestas actuación coordinadas y programadas, amparadas tanto por Programas Europeos como por la figura de los Proyectos de Intervención Global (PIG). Existe un enfoque que, sumado a la iniciativa europea, permite ir consolidando la necesidad de abordar la regeneración urbana desde una visión integral, incorporando una metodología que favorezca los procesos participativos para la toma consensuada de decisiones.

Para alcanzar los objetivos de calidad paisajística propuestos ha de tenerse en cuenta la problemática particular y el carácter del paisaje (rural o urbano) de cada localidad navarra. También partir de la experiencia acumulada en la materia. Tanto la de los agentes institucionales consolidados –Gobierno de Navarra, Oficinas de Rehabilitación de Viviendas y Edificios (ORVE) y Nasuvinsa en el ámbito de toda Navarra, y Oficina de Rehabilitación Urbana del Ayuntamiento de Pamplona y Pamplona Centro Histórico SA–; como la experiencia acumulada por la ciudadanía, las administraciones de fincas, las consultoras, promotoras y constructoras, etc., implicadas todas ellas en los procesos de regeneración. Además, hay que tener en cuenta que en la actualidad se están creando otros agentes institucionales, como las Oficinas de Transformación Comunitaria (OTC) y/o las Oficinas Verdes Municipales del Ayuntamiento de Pamplona, que también serán claves para la regeneración de barrios en el futuro.

A continuación, se relacionan algunas referencias -convocatorias y/o proyectos- de interés en materia de rehabilitación y regeneración urbana, ejecutados o en proceso, en Navarra.

- Orden de 24 de noviembre de 1982 (BOE-A-1982-32031) por la que se aprueban determinados estudios básicos de rehabilitación y se declaran las correspondientes áreas de rehabilitación integrada. Ministerio de Obras Públicas y Urbanismo. Tras aprobar sus correspondientes Estudios Básicos, se declaran trece Áreas de Rehabilitación Integrada en España. Entre otras, la "manzana comprendida entre las calles Mayor, Jarauta y Eslava" en Pamplona.

- Actuaciones urbanísticas llevadas a cabo en el centro histórico de Tudela: entre otros, en la plaza de la Judería y plaza de Yehudá-Ha Leví.

- Proyecto Europeo Joint ECO-CITY. Lourdes Renove. Barrio de Lourdes, Tudela. Programa CONCERTO. Proposal nº 513558.

- Efidistrict. Barrio de la Txantrea (Pamplona). MLEI EFIDISTRICT FWD-NAVARRA (ES). IEE/13/936/SI2.675074.

- LIFE-NADAPTA Barrio de Lourdes (Tudela). Acción C6.8 del LIFE-IP Nadapta-cc.

- SUSTAINAVILITY Ansoain-Antsoain, Barañain, Noain, Villava-Atarabia, Zizur Mayor. SUSTAINAVILITY. NAVARRA, A REGION SUPPORTING THE SUSTAINABLE ENERGY" H2020 EE-22/2017. Grant Agreement nº 785045.2018-2021.

- ELENA-PRIMAVERA. Navarra. European Local ENergy Assistance (ELENA) del Banco Europeo de Inversiones (BEI).

- Ayudas para actuaciones de rehabilitación energética en edificios existentes en áreas previamente declaradas como Entornos Residenciales de Rehabilitación Programada (Barrios MRR).

- Proyecto de oPENLab, barrio de la Rochapea, Pamplona, Agencia Energética Municipal y Área Municipal de Proyectos Estratégicos.

4. Criterios y propuestas de integración paisajística

Integración del paisaje en la regeneración integral de barrios de iniciativa pública. Periodo 1950-1985 en Navarra

Así, los criterios generales abordados por esta guía parten de la necesidad de fortalecer y ampliar las líneas de trabajo ya en curso en Navarra.

Finalmente, debe destacarse como parte de la metodología la respaldada por las Agendas Urbanas, que abarca la planificación integrada, el seguimiento, la evaluación y la gobernanza de los procesos de transformación urbana, y que constituye un componente fundamental para avanzar en la integración de criterios de calidad paisajística a nivel general en la regeneración urbana.

A continuación se propone unos ejes de trabajo a nivel general cuya implementación y refuerzo permitirán progresar en la integración de los criterios de calidad paisajística propuestos en la regeneración de los conjuntos residenciales estudiados:

Criterios generales de calidad paisajística para la regeneración urbana integral

 Espacios de gobernanza multinivel. Son muchos los agentes que intervienen en los procesos de regeneración urbana y su articulación es fundamental para garantizar la calidad paisajística de los resultados. Se propone la constitución de grupos de trabajo multinivel que permitan la integración de programas e iniciativas impulsadas por las diferentes entidades públicas, agentes socioeconómicos y población propietaria y residente, aplicables a las diferentes áreas de regeneración. Estos espacios deberían contemplar al menos, los siguientes agentes:

- Vecinos/as
- Propietarios/as
- Comunidades vecinales, equipos de arquitectura y administradores de fincas
- Agentes sociales, económicos y culturales
- Entidades locales
- Otros agentes y entidades territoriales: oficinas de rehabilitación de viviendas y de regeneración urbana, mancomunidades y sociedades públicas
- Gobierno de Navarra: departamentos con competencias en vivienda, urbanismo, patrimonio e industria.

 Evaluación y seguimiento de los procesos de regeneración urbana. Ante el auge en la implementación de diversas soluciones relacionadas con la regeneración urbana y la rehabilitación edificatoria, parece pertinente proponer un espacio de análisis de los proyectos ejecutados hasta la fecha en áreas residenciales construidas durante los periodos estudiados. Con ello, se busca evaluar la alineación de las transformaciones urbanas con los criterios de calidad paisajística propuestos, reconocer la evolución de los paisajes identitarios de cada conjunto residencial, valorar los impactos y generar aprendizajes para futuros proyectos de regeneración. Se propone desarrollar un primer estudio que aborde todos los proyectos realizados hasta la fecha y genere una batería de herramientas e indicadores que faciliten la transferencia de conocimiento entre municipios, dotando a Navarra de una visión integral de la evolución de sus paisajes residenciales.

Procesos de participación desde el paisaje transversales y estables a lo largo del tiempo. Para desarrollar proyectos de rehabilitación edificatoria y del espacio público que permitan restituir y dotar de armonía a cada paisaje histórico, es imprescindible desarrollar procesos participativos desde las primeras fases. De este modo, la ciudadanía reconoce su paisaje histórico y toma decisiones consensuadas y con visión de conjunto para el futuro del barrio. Para plantear propuestas que reconozcan la visión social del paisaje y favorecer la apropiación vecinal de las mismas, es necesario reconocer los espacios de participación existentes y mejorar en las metodologías para incorporar la diversidad de miradas y perspectivas. Se plantea, para ello, el desarrollo de herramientas destinadas a:

- Divulgación y pedagogía sobre la historia del lugar, el patrimonio, el paisaje y la regeneración urbana
- Diseño participado de soluciones de intervención
- Mediación y negociación en la toma de decisiones
- Cogestión de soluciones.

Facilitación técnico-ciudadana. La complejidad inherente a los procesos de regeneración urbana, desde la perspectiva técnica, subraya la necesidad de brindar un respaldo integral y profesionalizado a los residentes y propietarios durante el proceso de regeneración. Este respaldo se materializa en la gestión, coordinación y ejecución de proyectos de rehabilitación, así como en la mediación entre las comunidades vecinales. En este contexto, espacios consolidados como las Oficinas de Rehabilitación en toda Navarra, otros proyectos más recientes como el Elena-Primavera en Navarra y el proyecto Openlab en Pamplona, así como las Oficinas Verdes de Pamplona, funcionan como oficinas de proximidad para ofrecer esta labor de múltiple servicio a la ciudadanía. A su vez, estos espacios son los encargados de velar por la socialización y cumplimiento de los criterios de rehabilitación tomados de manera colectiva y participada durante los procesos de participación previos.

Políticas y programas de valoración y restitución del patrimonio de las áreas residenciales 1950-1985. Los procesos de regeneración urbana en tejidos con carácter patrimonial, a menudo disonante, deben acompañarse con programas que permitan reforzar el reconocimiento social de los valores y potencialidades de estos tejidos urbanos. Se busca la valoración de estas áreas como elementos y componentes del paisaje urbano de la comunidad. Las acciones que contemplen estos programas han de servir para reconocer estas áreas como paisajes urbanos con identidad propia, de una comunidad con su historia específica, y ser la base de partida común para reflexionar acerca del modo de su conversión y regeneración integral en su contexto actualizado y marcado por la crisis climática y social.

4. Criterios y propuestas de integración paisajística

Integración del paisaje en la regeneración integral de barrios de iniciativa pública. Periodo 1950-1985 en Navarra

4.3. Propuestas y criterios por tipologías de paisajes

Complementariamente a los criterios generales, resulta fundamental concretar propuestas específicas que faciliten integrar los objetivos de calidad paisajística en los diferentes proyectos de regeneración urbana. Para ello es necesario desarrollar **propuestas específicas que atiendan a las singularidades de los paisajes estudiados**, además, hacerlo de manera interrelacionada y procesual. Este enfoque es clave para abordar la transformación del paisaje residencial de forma coherente e integrada y lograr los objetivos de calidad paisajística planteados.

Para garantizar la comprensión de la interrelación de las propuestas que contiene esta guía, estas se estructuran a través de **cuatro categorías que permiten comprender las fases y relaciones entre ellas.** La primera categoría hace referencia a las propuestas dirigidas a implementar procesos de participación y gestión a lo largo de todo el proceso de regeneración. Luego, se desarrollan recomendaciones para las intervenciones físicas, seguido de propuestas de programas y acciones inmateriales y, finalmente, las asociadas a la regulación y normativa que acompañe y facilite la implementación de algunos de los criterios definidos. Todo ello siguiendo la lógica

metodológica "escuchar y transformar" desarrollada por Paisaje Transversal, mencionada al inicio de esta guía.

Paralelamente **las propuestas se presentan diferenciadas por cada una de las tipologías de paisaje que recoge la guía, con el fin de resaltar la singularidad y particularidad de cada paisaje.** De modo que los cuatro bloques de propuestas se concretan según su aplicación en: (1) paisajes de vivienda unifamiliar, (2) vivienda colectiva en bloque abierto, y (3) otras tipologías. Además, se incluyen otras propuestas asociadas a los elementos comunes a todos los conjuntos, espacios de centralidad y conectividad entre tejidos, que denominamos (D) Dotacionales transversales: espacios de estancia, viarios y equipamientos.

El diagrama adjunto ejemplifica la relación entre las tipologías de paisajes y las diferentes categorías de propuestas a integrar en los conjuntos residenciales para alcanzar los objetivos de calidad paisajística en cada uno de ellos. Es en los siguientes apartados de la guía donde se detalla para cada tipología de paisaje los criterios y propuestas para alcanzar la calidad paisajística.

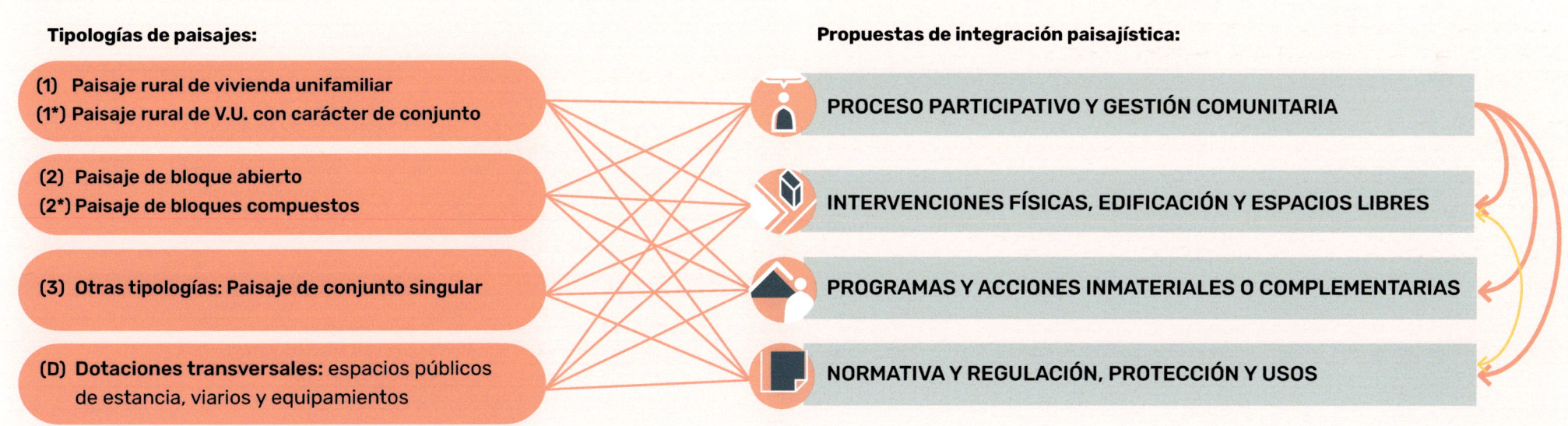

Tipologías de paisajes:

- (1) Paisaje rural de vivienda unifamiliar
- (1*) Paisaje rural de V.U. con carácter de conjunto

- (2) Paisaje de bloque abierto
- (2*) Paisaje de bloques compuestos

- (3) Otras tipologías: Paisaje de conjunto singular

- (D) Dotaciones transversales: espacios públicos de estancia, viarios y equipamientos

Propuestas de integración paisajística:

- PROCESO PARTICIPATIVO Y GESTIÓN COMUNITARIA
- INTERVENCIONES FÍSICAS, EDIFICACIÓN Y ESPACIOS LIBRES
- PROGRAMAS Y ACCIONES INMATERIALES O COMPLEMENTARIAS
- NORMATIVA Y REGULACIÓN, PROTECCIÓN Y USOS

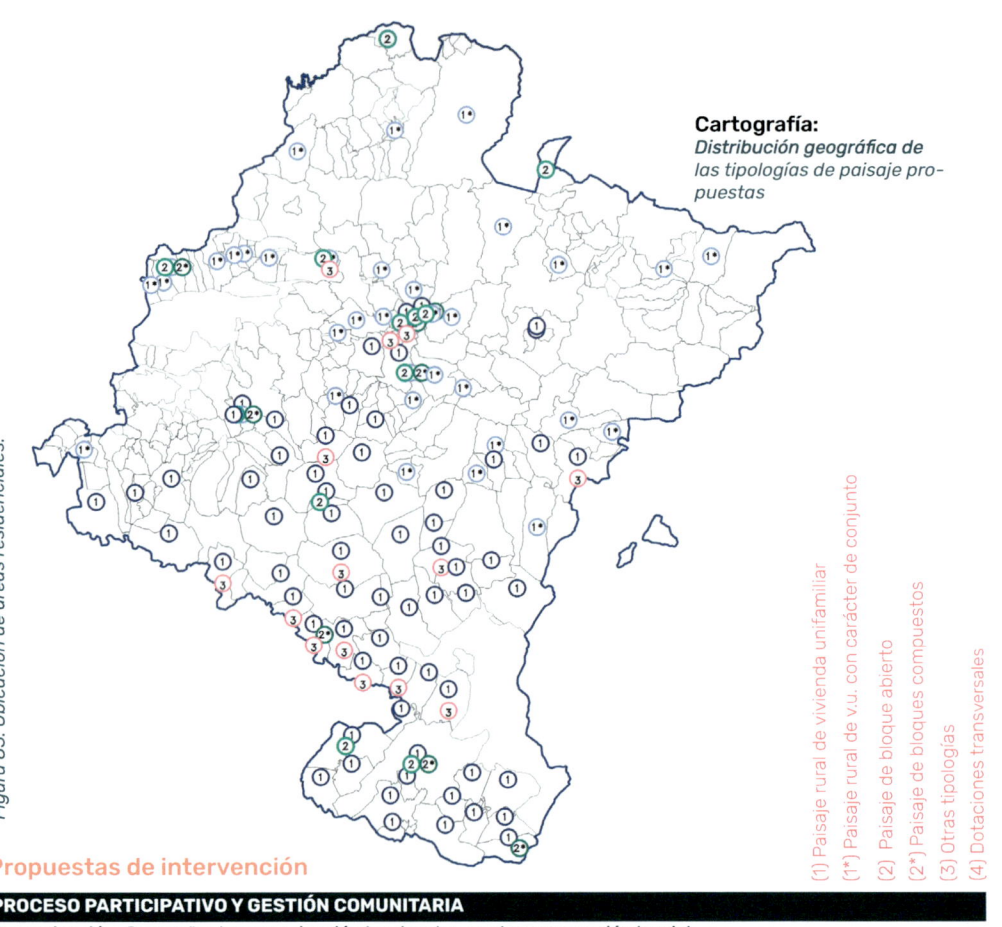

Figura 83. Ubicación de áreas residenciales.

Cartografía:
Distribución geográfica de las tipologías de paisaje propuestas

(1) Paisaje rural de vivienda unifamiliar
(1*) Paisaje rural de v.u. con carácter de conjunto
(2) Paisaje de bloque abierto
(2*) Paisaje de bloques compuestos
(3) Otras tipologías
(4) Dotaciones transversales

Propuestas de intervención

PROCESO PARTICIPATIVO Y GESTIÓN COMUNITARIA	(1)	(1*)	(2)	(2*)	(3)	(4)
Comunicación. Campaña de comunicación local en torno a la regeneración barrial.	•	•	•	•	•	
Comunicación. Espacios de información, seguimiento y evaluación, físicos y digitales.	•	•	•	•	•	•
Pedagogía. Divulgación de los valores culturales del paisaje rural unifamiliar.	•	•				
Proyecto participado. Diagnóstico de los elementos singulares y elementos disonantes.	•	•	•	•	•	
Proyecto participado. Diagnóstico dirigido a concretar criterios específicos de protección.		•				
Proyecto participado. Espacios de negociación entre la propiedad de las unifamiliares.	•	•	•			
Proyecto participado. Facilitar la constitución de comunidades vecinales horizontales.		•				
Pedagogía. Divulgación del proceso histórico residencial del bloque abierto.			•	•		
Pedagogía. Visibilización de la diversidad cultural de la población residente y sus valores.			•	•		
Proyecto participado. Diagnóstico de la diversidad de usos en los espacios interbloque.			•	•		
Proyecto participado. Programas de mediación entre propietarios/as e inquilinos/as.			•	•		
Proyecto participado. Dinamización para la gestión comunitaria de espacios interbloque.			•	•		
Comunicación y Pedagogía. Oficinas técnicas de apoyo a la regeneración integral.					•	
Proyecto participado. Diagnóstico integral para la mejora de la movilidad y servicios públicos.					•	
Proyecto participado. Facilitar asociaciones para la gestión compartida de necesidades.					•	

(1) (1*) (2) (2*) (3) (D)

INTERVENCIONES FÍSICAS, EDIFICACIÓN Y ESPACIOS LIBRES	(1)	(1*)	(2)	(2*)	(3)	(D)
Edificación. SUSTITUCIÓN O REFORMA ATENDIENDO AL CONJUNTO conservar volumetría.		•	•			
Edificación. SUSTITUCIÓN O REFORMA ATENDIENDO AL CONJUNTO, protecciones.			•			
Edificación. REHABILITACIÓN ARMONIOSA DE ENVOLVENTES, uniformidad o diversidad.		•	•			
Edificación. NATURALIZACIÓN DE FACHADAS Y MUROS DELIMITADORES DE PARCELA.		•	•			
Edificación. MEJORA INTEGRADA DE LA ACCESIBILIDAD A LA VIVIENDA Y LA REURBANIZACIÓN VIARIA.		•	•			
Edificación. COLOCACIÓN INTEGRADA DE INSTALACIONES ENERGÉTICAS.		•	•			
Edificación. CONSERVAR EL ESPACIO LIBRE PRIVADO protección del parcelario y vegetación.	•					
Espacio público. FAVORECER LA PERMEABILIDAD DE LAS EDICIACIONES A LA CALLE.		•	•			
Espacio público. REFORZAR EL USO CONVIVENCIAL DEL VIARIO, pacificación y naturalización.		•	•			
Edificación. REFORMA O SUSTITUCIÓN DE LA EDIFICACIÓN PARA LA MEJORA ESPACIAL DE LA VIVIENDA Y SU RELACIÓN CON EL ESPACIO PÚBLICO.				•	•	
Edificación. REFORMA O SUSTITUCIÓN DE LA EDIFICACIÓN, apertura a los espacios públicos.				•		
Edificación. REHABILITACIÓN INTEGRAL: constructiva, eficiencia energética, accesibilidad.				•	•	•
Edificación. CRITERIOS COMPOSITIVOS COMPARTIDOS EN FACHADAS y MEDIANERAS.				•		
Espacio público. CUALIFICAR EL ESPACIO INTERBLOQUE PARA SU USO PÚBLICO.				•		
Espacio público. AMORTIGUAR LA RELACIÓN DE LA CALLE CON VIVIENDAS EN PLANTA BAJA.				•		
Espacio público. REORDENAR Y NATURALIZAR LAS BOLSAS DE APARCAMIENTO.				•		
Edificios. REHABILITAR PRESERVANDO LA IDENTIDAD ARQUITECTÓNICA DEL CONJUNTO.						
Espacio público. CONECTAR DE MODO ACCESIBLE EL ESPACIO LIBRE DE LOS CONJUNTOS.						
Edificación. Enfatizar elementos singulares de los equipamientos o incorporar nuevos.						
Espacio público. Mejora integral de plazas y parques de centralidad.						
Espacio público. Pacificación y naturalización de los viarios conectores y cotidianos.						

PROGRAMAS Y ACCIONES INMATERIALES O COMPLEMENTARIOS	(1)	(1*)	(2)	(2*)	(3)	(D)
Programas comunitarios de engalanamiento y cuidado de fachadas.			•	•		
Recuperar o impulsar festividades a celebrar en el espacio público.	•	•	•	•		
Facilitar y fomentar el uso doméstico del espacio público.			•	•		
Programas artísticos para la puesta en valor de la historia y elementos singulares del tejido.			•	•		
Señalización y toponimia que recupere y restituya la memoria histórica del conjunto.	•	•	•	•		
Programas para impulsar la apertura de actividades económicas en las plantas bajas.				•		
Programas para fomentar la integración y la diversidad cultural, apoyo al asociacionismo.				•		
Acciones artísticas en medianeras, fachadas y espacios públicos, de resignificación social.				•		
Favorecer el uso puntual o periódico de grandes zonas de aparcamiento con otros usos.				•		
Diversificación de usos e integración paisajística de la planta baja comercial.				•		
Programas comunitarios para gestión sostenible de energía, agua, movilidad y residuos.					•	
Programas de mediación y convivencia de diversidad de usos y usuarias en espacio público.					•	

NORMATIVA Y REGULACIÓN, PROTECCIÓN Y USOS	(1)	(1*)	(2)	(2*)	(3)	(D)
Regulación de la contaminación visual, instalaciones y otros elementos discordantes.	•	•	•	•	•	
Regulación de usos productivos compatibles con la tipología residencial unifamiliar.	•	•				
Ordenanzas de protección de elementos singulares propios de la arquitectura regionalista.		•				
Actualizar la normativa municipal para fomentar y facilitar la rehabilitación.			•			
Proteger las condiciones ambientales de los espacios entre bloques como componentes.			•	•		
Actualizar la ordenanza de usos en planta baja para promover la mezcla de usos.			•	•		

(1) Paisaje rural de vivienda unifamiliar

(1*) Paisaje rural con carácter de conjunto

La singularidad propia de los paisajes de vivienda unifamiliar recae en el potencial de su condición rural, tanto en lo que respecta a su paisaje construido como a su realidad sociocultural. Por ello, las propuestas de integración paisajística se conciben para destacar esta ruralidad, de modo que los procesos de regeneración urbana sean capaces de ponerlo en valor y dar respuesta a la estrategia de calidad paisajística. Se busca que el paisaje sea adaptativo, es decir, que responda a las necesidades contemporáneas, al tiempo que conserve y restaure la identidad y la memoria de su origen rural. Además, de ofrecer un paisaje participativo, inclusivo, que una a la comunidad y facilite la toma de decisiones y su gestión.

En el caso de los paisajes de vivienda unifamiliar con carácter de conjunto (1*), el potencial del paisaje rural cobra mayor protagonismo, por lo que se amplían los criterios propuestos.

Casos estudiados

(1) Paisaje rural de vivienda unifamiliar

◯ *Grupo La Paz (Azagra)*
Barrio de La Merced (Estella-Lizarra)
Zumalacárregui (Estella-Lizarra)
San Sebastián (Tafalla)
Barrio de Lourdes (Tudela)

(1*) Con carácter de conjunto
● *San Pedro (Alsasua)*
Barrio Santiago (Espinal)
Giltxaurdi (Elizondo)

Casos en Navarra

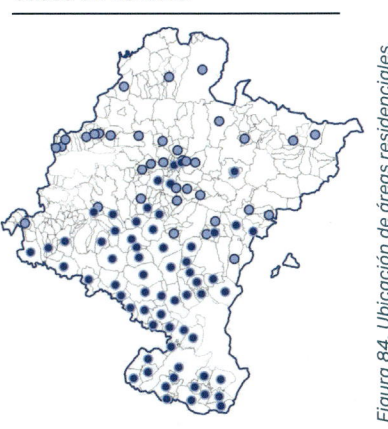

Figura 84. Ubicación de áreas residenciales.

(1) Paisaje rural vivienda unifamiliar

① *Paisaje adaptativo*   ② *Paisaje con memoria*   ③ *Paisaje participativo*

Figura 85. Collage de ejemplos de propuesta.

(1*) Con carácter de conjunto

① *Paisaje adaptativo*   ② *Paisaje con memoria*   ③ *Paisaje participativo*

Figura 86. Collage de ejemplos de propuesta.

71

Proceso participativo y de gestión comunitaria

Los procesos participativos son esenciales para avanzar hacia proyectos de regeneración que creen paisajes coherentes, refuercen la identidad del entorno, fortalezcan la cohesión social y promuevan la gestión comunitaria de los espacios compartidos, con el objetivo último de mejorar la calidad de vida de sus residentes.

Como criterio general, los procesos participativos deben ser transversales y acompañar el proyecto de regeneración en todas las tipologías de paisaje, atendiendo a tres dimensiones fundamentales: Difusión, Participación ciudadana y Desarrollo del Proyecto. **En relación a estas dimensiones, se resaltan acciones participativas que responden a las particularidades del paisaje rural de vivienda unifamiliar (1) y (1*):**

D El canal de Difusión, comunicación y transparencia:

Aborda tanto la visibilización como la transparencia en los proyectos de regeneración. Se trata de generar una campaña de comunicación con la que conseguir ampliar el colectivo local comprometido con el proyecto y el intercambio de impresiones. La transparencia se traduce en una herramienta que permite la supervisión del cumplimiento de lo pactado, como puede ser un espacio digital.

C La estrategia de Ciudadanía, divulgación y pedagogía:

Trabaja la concienciación respecto a temas urbanos como el patrimonio, el espacio público o la ecología entre la población, la administración pública y los agentes privados. Además, fortalece la identidad comunitaria a través de la pedagogía y la información. Este canal crea comunidades implicadas e informadas para la participación.

- (1) (1*) Divulgación de los valores culturales del paisaje rural y sus elementos singulares, tanto para su valoración como para su restitución.

P El canal Proyecto participativo, toma de decisiones y gestión colaborativa:

Se centra en proponer modelos de gestión y diseño urbano transdisciplinares y participativos. Se estructura en fases que se retroalimentan: desde el diagnóstico participativo, donde se analizan las necesidades de todas las esferas, hasta la elaboración y ejecución de propuestas hasta su seguimiento y evaluación que supone volver a la etapa de diagnóstico.

Diagnóstico participativo:

- (1) (1*) Diagnóstico participado de los elementos singulares del paisaje residencial a proteger o restituir, tanto propios de las características edificatorias como del espacio público. Así como sobre pequeños elementos decorativos de algunas promociones, como placas y símbolos, que hablan del proceso histórico del conjunto.

En concreto en el caso (1*), las características homogéneas de la edificación exigen un proceso dirigido a concretar los futuros criterios de protección del conjunto.

Propuestas participativa y gestión comunitaria:

- (1) (1*) Facilitar espacios de negociación y gestión vecinal que incluyan a propietarios/as de las distintas edificaciones que componen el paisaje residencial. En el caso (1*) dirigidos a facilitar la gestión de la protección se considera adecuado constituir comunidades vecinales horizontales con carácter jurídico.

Asociado a estos espacios de gestión comunitaria se propone el impulso de soluciones comunitarias en la rehabilitación y mejora del funcionamiento climático de los tejidos residenciales, aumentando así su viabilidad: comunidades energéticas, comunidades de gestión de residuos, etc.

4. Criterios y propuestas de integración paisajística

Integración del paisaje en la regeneración integral de barrios de iniciativa pública. Periodo 1950-1985 en Navarra

Intervenciones físicas, edificación y espacio público

Las obras de regeneración en los entornos residenciales unifamiliares generalmente consisten en la rehabilitación o renovación llevada a cabo de manera independiente por cada propiedad, lo que resulta en soluciones desarticuladas y sin una visión conjunta. Esto conlleva la ausencia de coordinación con las intervenciones esporádicas de reurbanización del espacio público lideradas por la administración.

Por ello, el objetivo de los criterios para las intervenciones físicas asociadas al paisaje rural de viviendas unifamiliares busca avanzar hacia soluciones integrales que aprovechen la oportunidad de crear un paisaje coherente y atractivo, que refuerce la identidad y que optimice los recursos tanto en la gestión como en la ejecución de las rehabilitaciones de la edificación y el espacio público.

(1) (1*) SUSTITUCIÓN O REFORMA DE LA EDIFICACIÓN ATENDIENDO AL CONJUNTO:

- Conservar la coherencia volumétrica (planta, alturas, cubierta a dos aguas, patios, etc.) de las edificaciones principales.

- Armonización de las soluciones a las geometrías y materialidades originales, con soluciones diversas pero coherentes entre sí o manteniendo la homogeneidad.

- Preservación de la relación de la edificación con la calle: alineación de fachada y diseño coherente en los huecos, manteniendo composiciones y proporciones armoniosas en las fachadas conjuntas que delimitan ambos frentes de cada calle.

- Evitar la colocación de elementos disonantes hacia el espacio público: cerramientos volados, instalaciones, aires acondicionados, etc.

Figura 87 y 88. Nueva edificación con volumetrías incoherentes con el conjunto, Tudela, barrio de Lourdes. Elaboración propia.

a

b

c

(a) Figura 89. Mirador añadido. Tafalla, Grupo San Sebastián. Elaboración propia.

(b) Figura 90. Rehabilitación con interpretación de los huecos a fachada. Tafalla, Grupo San Sebastián. Elaboración propia.

(c) Figura 91. Rehabilitación coherente desde la diversidad de materialidades. Tudela, barrio de Lourdes. Elaboración propia.

(1*) SUSTITUCIÓN O REFORMA DE LA EDIFICACIÓN ATENDIENDO AL CONJUNTO:

Recomendaciones complementarias:

- Mantenimiento de la configuración y composición de huecos de fachadas principales, así como la protección y conservación de elementos singulares de carácter regionalista (falsas vigas en madera, aleros, zócalos de piedra, etc.), acompañado de un proceso de identificación, valoración y restitución de los valores patrimoniales.

- En caso de sustitución de la edificación, será necesario un proyecto de reconstrucción previo a la demolición.

Figura 92. Potencial rehabilitación atendiendo al conjunto. Elizondo, Giltxaurdi. Elaboración propia.

Figura 93. Identificación de elementos singulares en edificaciones. Alsasua, Grupo San Pedro. Elaboración propia.

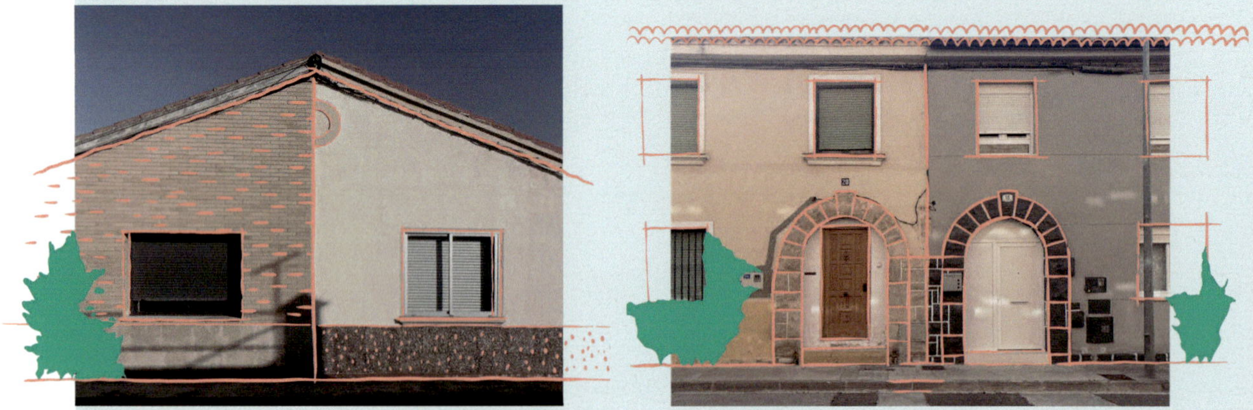

Figura 94. Elementos singulares en la composición de fachada: balcones y huecos. Tudela, Barrio de Lourdes. Elaboración propia.

(1) (1*) REHABILITACIÓN ARMONIOSA DE ENVOLVENTES:

- Elaboración de un catálogo de materiales, revestimientos y criterios compositivos de los elementos constructivos y arquitectónicos del paisaje residencial. La armonización cromática y de materiales en intervenciones en fachada y cubiertas podrán abordarse desde la uniformidad o la diversidad en función de la participación.

(1*) REHABILITACIÓN UNIFORME DE ENVOLVENTES:

- En el caso del paisaje (1*) se considera necesaria la rehabilitación conjunta y coherente de las edificaciones unifamiliares que conforman un mismo conjunto residencial.

(1) (1*) NATURALIZACIÓN DE FACHADAS Y MUROS:

- Incorporación de trepadoras en las fachadas de las viviendas unifamiliares, en coherencia con los criterios compositivos y geométricos, con el fin de incrementar la percepción social del verde en el conjunto y mejorar la biodiversidad y el confort térmico de la calle.

(a) Figura 95. Fachada con trepadoras en Vitoria-Gasteiz. Elaboración propia.

(b) Figura 96. Muros verdes hacia las calles traseras. Tudela, Barrio de Lourdes. Elaboración propia.

a   b

(1) (1*) MEJORA INTEGRADA DE LA ACCESIBILIDAD A LA VIVIENDA Y LA REURBANIZACIÓN VIARIA:

- La reducción de barreras arquitectónicas de acceso a las viviendas unifamiliares debe abordarse conjuntamente a los proyectos de reurbanización viaria. De modo que se genere una solución de calle uniforme que permita resolver en conjunto el cambio de cota entre la acera y el pavimento de acceso a la todas las viviendas del viario.

Figura 97. Viario con necesidad de solución integrada de accesibilidad entre viario y edificación. Elizondo, Giltxaurdi. Elaboración propia.

(1) (1*) COLOCACIÓN INTEGRADA DE INSTALACIONES ENERGÉTICAS:

- Para la colocación de paneles solares se recomienda un estudio inicial de modo que los elementos no incidan en el espacio público.

- Se recomienda el desarrollo de soluciones conjuntas entre diferentes edificaciones para aumentar la viabilidad de las mismas.

Figura 98. Colocación incoherente de paneles solares. Tudela, Barrio de Lourdes. Elaboración propia.

4. Criterios y propuestas de integración paisajística

Integración del paisaje en la regeneración integral de barrios de iniciativa pública. Periodo 1950-1985 en Navarra

(1) (1*) CONSERVAR EL ESPACIO LIBRE PRIVADO:

Protección de la retícula de patios, tanto por su comportamiento bioclimático como por su valor patrimonial:

- Evitar la construcción de nuevos anexos sobre los patios y conservar el suelo permeable.

- Conservar la vegetación en el interior de parcela, favoreciendo su impacto positivo sobre el espacio público.

Figura 99. Cierres no permeables hacia las calles traseras y patios interiores colmatados. Alsasua, San Pedro. Elaboración propia.

(1) (1*) FAVORECER LA PERMEABILIDAD DE LAS EDIFICACIONES A LA CALLE:

- Favorecer los frentes visualmente permeables desde las edificaciones, también en las calles secundarias. Evitar muros ciegos y, en caso de ser necesarios, plantear soluciones que inviten a la interrelación a través de la vegetación o el uso del color.

(c) Figura 100. Cierres y patios permeables hacia las calles traseras. Alsasua, San Pedro. Elaboración propia.

(d) Figura 101. Muros ciegos hacia las calles traseras. Tudela, barrio de Lourdes. Elaboración propia.

(1) (1*) REFORZAR EL USO CONVIVENCIAL DEL VIARIO:

En tejidos rurales, el uso doméstico en planta baja desborda hacia el espacio público. Es pertinente cuidar el tratamiento de los espacios frente a las edificaciones residenciales para favorecer y fomentar la convivencia de usos en la calle.

- Reforzar la condición de viarios de convivencia con prioridad peatonal de las calles con soluciones de plataforma única e instalación de zonas de estancia.

- Ampliar la presencia de vegetación en el viario, a través de diferentes estrategias en función de sus características, mediante la instalación de alcorques o maceteros delimitando zonas de aparcamiento o de estancia y favoreciendo la intimidad.

Figura 102. Uso comunitario de espacios públicos (gallineros). Elizondo, Giltxaurdi. Elaboración propia.

Programas y acciones inmateriales o complementarios

(1) (1*) El paisaje rural es indisociable de la actividad de carácter doméstico y comunitario que se asocia a sus espacios comunes. Igualmente, será una condición fundamental la puesta en valor y restitución social de la memoria histórica de estos conjuntos. Algunas de las acciones posibles para alcanzar dichos objetivos serían:

- Impulso de programas para promover el engalanamiento y el cuidado colectivo de fachadas y espacios comunes, como el caso de Azagra, que promueve un concurso para embellecer sus calles, fachadas y jardines.

- Potenciar el uso comunitario del espacio público, tan propio de paisajes rurales. Recuperar festividades comunitarias de carácter histórico o de nueva creación vinculadas a las nuevas tendencias culturales.

- Favorecer los usos domésticos trasladados al espacio público.

- Programas socioculturales (exposiciones, murales, talleres, teatro en la calle) para la puesta en valor de la historia y elementos singulares del conjunto residencial.

- Señalización y toponimia que recupere elementos históricos propios del conjunto residencial.

Figura 103. Intervención sobre muro ciego. Alsasua, Grupo San Pedro. Elaboración propia.

Figura 104. Ejemplo de proceso vecinal para la renovación coordinada de las escaleras de acceso a las viviendas. Tafalla. Elaboración propia.

Figura 105. Placa "Calle Más bella de Azagra". Azagra, Grupo La Paz. Elaboración propia.

Figura 106. Topónimos de calles. Madrid. Fuente: peródico ABC.

Figura 107. Macetas en calles de paisaje rural. Elizondo. Elaboración propia.

Normativa, ordenación y protección

(1) (1*) La normativa y regulación estará al servicio de los objetivos de calidad paisajística y nunca precederá a los procesos de participación, para que la normativa se adecue a cada contexto y para que la población pueda hacer "suya" la norma:

- Regulación de la contaminación visual, como son las instalaciones y otros elementos discordantes en cubiertas y fachadas.

- Regulación de usos compatibles con la tipología residencial unifamiliar que favorezca nuevos modelos productivos casa/estudio o casa/taller.

- (1*) Ordenanzas de protección de elementos singulares propios de la arquitectura regionalista.

Ejemplos prácticos: concurso para embellecer la localidad

Figura 108. Concurso en Azagra para el embellecimiento del municipio.

Figura 109.

(2) Paisaje de bloque abierto

(2*) Paisaje de bloques compuestos

Los criterios que marcan las intervenciones sobre los Paisajes de bloque de vivienda colectiva se enfocan principalmente en garantizar la mejoría de las condiciones habitacionales y con ello la imagen percibida por la población de estos conjuntos, condicionada en la mayoría de las ocasiones por la escasa calidad constructiva de la edificación y la imagen degradada de sus fachadas. No obstante, también se trata de reconocer el valor intrínseco de los espacios libres que articula las promociones, mejorando su diseño, jerarquía y equipamiento. Pero no sólo se trata del paisaje construido. También el perfil socioeconómico de las personas que habitan estos tejidos exige un trabajo profundo de acompañamiento y mediación que facilite tanto la rehabilitación como el fortalecimiento del sentimiento de pertenencia, orgullo y proyección de una imagen regenerada hacia el exterior.

Se tendrá en cuenta en el Paisaje de bloques compuestos (2*) la necesidad de ampliar los criterios en cuanto al espacio público.

Casos estudiados

(2) Paisaje de bloque abierto

● *Alzania, Alsasua (1965)*
Barrio La Merced, Estella-Lizarra (1955)
Potasas, Beriáin (1962)
Barrio de Lourdes, Tudela (1954)

(2*) Paisaje de bloques compuestos

● *Grupo La Paz, Azagra (1965)*
Zumalacárregui, Alsasua (1975)
Barrio La Merced, Estella-Lizarra (1955)
Barrio de Lourdes, Tudela (1954)

Casos en Navarra

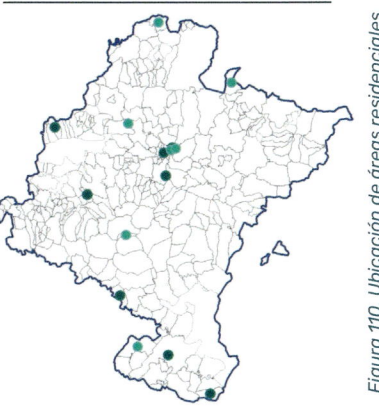

Figura 110. Ubicación de áreas residenciales.

(2) Paisaje de bloque abierto

① Paisaje adaptativo   ② Paisaje con memoria   ③ Paisaje participativo

Figura 111. Collage de ejemplos de propuesta.

(2*) Paisaje de bloques compuestos

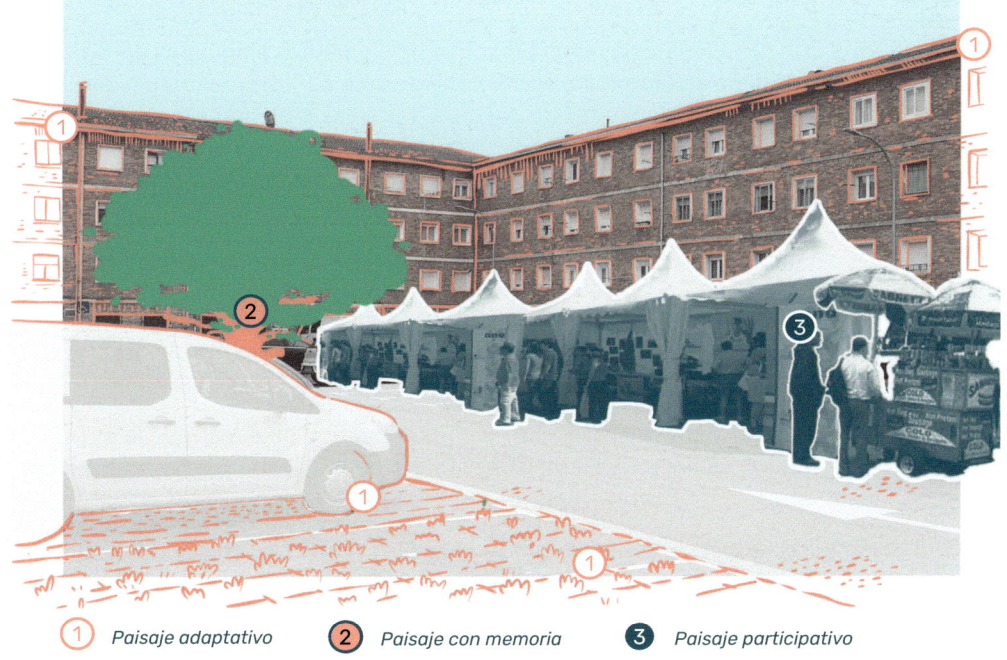

① Paisaje adaptativo   ② Paisaje con memoria   ③ Paisaje participativo

Figura 112. Collage de ejemplos de propuesta.

4. Criterios y propuestas de integración paisajística

Integración del paisaje en la regeneración integral de barrios de iniciativa pública. Periodo 1950-1985 en Navarra

Proceso participativo y gestión comunitaria

Como ya se ha descrito para el Paisaje rural de vivienda unifamiliar, los procesos participativos deben ser transversales y acompañar el proyecto de regeneración en todas las tipologías de paisaje, atendiendo a tres dimensiones fundamentales: *Proyecto participativo; Difusión, comunicación y transparencia; y Ciudadanía, divulgación y pedagogía*. **En relación a estas dimensiones, se resaltan acciones participativas que responden a las particularidades del paisaje de bloque (2) y (2*):**

P El canal *Proyecto participativo*, toma de decisiones y gestión colaborativa:

Diagnóstico participativo:

- (2) (2*) Reconocimiento participativo de la diversidad de usos que da la población residente a los espacios interbloque.

- (2) (2*) Identificación participativa de elementos singulares del paisaje residencial, tanto para su valoración como para su restitución, en el caso de los elementos disonantes, a través de un proceso participativo y un proceso de negociación previo a cualquier intervención. Esta tipología no cuenta, en general, con elementos decorativos, pero sí surgen elementos compositivos clave para la identidad colectiva.

Propuesta participativa y gestión comunitaria:

- (2) (2*) En esta tipología edificatoria, donde predomina el alquiler, es fundamental plantear programas de acompañamiento y mediación entre propietarios/as e inquilinos/as para favorecer la rehabilitación.

- (2) (2*) Impulso de soluciones comunitarias, vinculadas con la rehabilitación edificatoria (actuaciones coordinadas, comunidades energéticas, etc.).

- (2) (2*) Dinamización y acompañamiento para la gestión y cuidado comunitario de espacios interbloque o espacios interiores de manzana.

Figura 113. Alsasua, 4/10/2023 Paseo participativo conducido por Paisaje Transversal en el marco de las jornadas JJEEPP.

D El canal de *Difusión, comunicación y transparencia*:

Se propone generar una campaña de comunicación con la que conseguir ampliar el colectivo local comprometido con el proyecto y el intercambio de impresiones. La transparencia se traduce en una herramienta que permite la supervisión del cumplimiento de lo pactado como puede ser a través de un espacio digital o web.

C La estrategia de *Ciudadanía, divulgación y pedagogía*:

- (2) (2*) Divulgación del proceso histórico asociado al desarrollo residencial del bloque abierto y las diferentes transformaciones culturales y sociales.

- (2) (2*) Visibilización de la diversidad cultural de la población residente y sus valores.

Intervenciones físicas, edificación y espacio público

Las obras de rehabilitación en los entornos residenciales de bloque abierto o compuesto deben entenderse desde la oportunidad que supone llevar a cabo un proyecto de regeneración integral para todo el ámbito, capaz de mejorar el paisaje residencial en su conjunto.

(2) (2*) REFORMA O SUSTITUCIÓN DE LA EDIFICACIÓN PARA LA MEJORA ESPACIAL DE LA VIVIENDA Y SU RELACIÓN CON EL ESPACIO PÚBLICO:

- Valorar el aumento de la edificabilidad (en superficie o en altura) siempre que la estructura lo permita, para mejorar la calidad del espacio doméstico y viabilizar las soluciones.

- Diseñar las nuevas volumetrías dirigidas a ampliar las viviendas en fachada, atendiendo a las visuales desde el espacio público y las intervenciones en los diferentes bloques.

- Extender la relación de las plantas bajas con la calle, de modo que los nuevos portales favorezcan la visibilidad, la percepción de seguridad y la relación con la calle.

- Incorporar en las edificaciones espacios para usos comunitarios y espacios para usos productivos que mixtifiquen las plantas bajas.

- Preservación de la relación de la edificación con la calle: alineación de fachada y diseño coherente en los huecos, manteniendo composiciones y proporciones armoniosas en las fachadas conjuntas que delimitan ambos frentes de cada calle.

REFORMA O SUSTITUCIÓN DE LA EDIFICACIÓN PARA LA MEJORA ESPACIAL DE LA VIVIENDA Y SU RELACIÓN CON EL ESPACIO PÚBLICO:

(2*) En el caso de tejidos de vivienda colectiva en bloques compuestos, valorar la apertura de la edificación a los espacios públicos y favorecer en todo caso la relación entre los espacios domésticos y los espacios estanciales.

Figura 114. Cierre de terrazas y colocación de elementos disonantes. Tudela, barrio de Lourdes. Elaboración propia.

Figura 115. PIG Plaza San José, Estella-Lizarra. Fuente: Arquitectos Carlos Urzainqui Domínguez y José San Martín Eraso.

Figura 116. Proyecto piloto de reconversión de 4 locales comerciales en 3 viviendas, una de ellas adaptada a personas con movilidad reducida, en Bilbao, en el contexto del Programa Loft Study House. Fuente: Estudio Acha Zaballa.

(2) (2*) REHABILITACIÓN INTEGRAL: CALIDAD CONSTRUCTIVA, EFICIENCIA ENERGÉTICA Y ACCESIBILIDAD

La rehabilitación de las edificaciones debe ser integral para garantizar la calidad y coherencia paisajística entre las diferentes soluciones de mejora de las condiciones habitacionales de la edificación:

- Mejorar el funcionamiento climático de las edificaciones mediante la optimización de las envolventes y la actualización de las instalaciones para aumentar la eficiencia energética.

- Garantizar la accesibilidad a través de la instalación integrada de ascensores y el acceso a los portales.

- Transformar los espacios domésticos mediante la apertura de balcones, terrazas y patios para mejorar la calidad de vida de los residentes.

Figura 117. Acensores en fachada sin rehabilitar. Beriáin, Potasas. Elaboración propia.

Figura 118. Intervención en espacios comunes de edificios plurifamiliares, Sevilla.
Fuente: AFó Arquitectos

Figura 119. PIG en Camino Logroño, Estella-Lizarra.
Fuente: Arquitectos Carlos Urzainqui Domínguez y José San Martín.

(2) (2*) CRITERIOS COMPOSITIVOS COMPARTIDOS EN FACHADAS y MEDIANERAS

- Evitar el uso indiscriminado del color y favorecer la conservación de la composición de fachada en coherencia con la memoria colectiva, los elementos identitarios y la composición entre edificios. Elaboración de un catálogo de materiales, revestimientos y criterios compositivos de los elementos constructivos y arquitectónicos a aplicar a través de diferentes soluciones arquitectónicas en cada uno de los bloques de un ámbito.

- Integrar en la fachada elementos domésticos de modo coordinado evitando su impacto visual: aparatos de aires acondicionados, cierres de terrazas, tendederos, celosías, etc.

Figura 120. Rehabilitación integral de fachada. Monasterio de Urdax, Pamplona. Arriazu Arquitectos. Fuente: Jacar Navarra.

Figura 121. Celosías como elementos singulares de la edificación. Beriáin, Potasas. Elaboración propia.

Figura 122. Símbolo del Sindicato Vertical. Alsasua, Alzania. Elaboración propia.

(2) (2*) CUALIFICAR EL ESPACIO INTERBLOQUE PARA SU USO PÚBLICO O COMUNITARIO:

El espacio interbloque ofrece una elevada calidad ambiental a los paisajes de vivienda colectiva en bloque; sin embargo, estos padecen diferentes problemáticas que empobrecen su funcionalidad. Por ello se propone:

- Mejorar los recorridos cotidianos y evitar zonas de mala visibilidad, inseguras e inaccesibles. Adaptar los recorridos para optimizar las condiciones de seguridad de los espacios libres de tránsito en los que mejorar la accesibilidad. En cuanto a la visibilidad, se detecta una problemática con el uso abusivo de setos o vallados.

- Identificación de espacios interbloque de microcentralidad y adecuarlos para usos vecinales abiertos a la población general, en los que instalar mobiliario estancial, áreas de juego u otros.

(a) Figura 123. Espacios interbloque del proyecto Heel Europa, Países Bajos. Fuente: DELVA Landscape Architects

(b) Figura 124. Espacio interbloque naturalizado pero inaccesible e inseguro. Alsasua, Alzania.

(2) (2*) PACIFICAR Y NATURALIZAR LA RELACIÓN DE LA CALLE CON LAS VIVIENDAS EN PLANTA BAJA

Las viviendas en planta baja de los bloques de vivienda colectiva padecen diferentes impactos derivados de la escena urbana:

- Implementar soluciones de pacificación viaria, retirando aparcamientos y alejando el coche de las fachadas.

- Utilizar la vegetación para dotar de intimidad a las viviendas.

Figura 125. Plantas bajas volcadas hacia el viario. Tudela, Barrio de Lourdes. Elaboración propia.

(2) (2*) REORDENAR Y NATURALIZAR LAS BOLSAS DE APARCAMIENTO

La carencia de aparcamientos subterráneos da lugar a una ocupación masiva del espacio público por el automóvil con el consecuente impacto en la escena urbana y la actividad pública. El objetivo es reducir el impacto del automóvil en la escena urbana y la transformación de aparcamientos convencionales en lugares más verdes y sostenibles:

- Inclusión de soluciones basadas en la naturaleza en las bolsas de aparcamiento, sistemas de drenaje sostenible y diversidad vegetal, tanto arbolado como arbustivas que amplíen la superficie de sombra y reduzcan el impacto visual de los vehículos.

- Favorecer conexiones peatonales y la integración de espacios de estancia en convivencia con las zonas de aparcamiento.

Figura 126. Referencia de aparcamiento naturalizado. Fuente: Paisajistas Paule Green.

Programas y acciones inmateriales o complementarios

(2) (2*) El Paisaje de bloque abierto y bloque compuesto está condicionado en la mayoría de los casos por la vulnerabilidad socioeconómica de sus residentes, principalmente en régimen de alquiler. Por lo tanto, resulta fundamental llevar a cabo acciones de acompañamiento que impulsen y faciliten la regeneración integral. Asimismo, es crucial identificar los valores culturales, restituir la memoria de estos enclaves y patrimonializar nuevos valores que otorguen visibilidad y resalten el sentimiento de identidad latente en el 'Paisaje ordinario'.

- Programas para impulsar y acompañar a residentes en la apertura de actividades económicas en las plantas bajas.
- Impulso de programas para fomentar la integración y la diversidad cultural, brindando apoyo al asociacionismo.
- Programas socioculturales y festividades comunitarias que refuercen los lazos entre la comunidad y visibilicen el potencial del espacio público.
- Acciones artísticas en medianeras, fachadas y espacios públicos para resignificar la percepción social del barrio, como exposiciones, murales, talleres y teatro callejero.
- Señalización y toponimia que recuperen elementos históricos o contemporáneos, dotando así de singularidad y significado al conjunto residencial.
- Favorecer el uso puntual o periódico de grandes zonas de aparcamiento con otros usos, como mercadillos o ferias, por ejemplo.

Figura 128. Arte urbano en medianera, Vigo. Fuente: La Voz de Galicia.

Figura 127. Fachadas asociadas a un espacio público principal en las que favorecer la actividad. Alsasua, Zumalacárregui. Elaboración propia.

Figura 129. Iniciativas sobre el espacio público, Tudela, Barrio de Lourdes. Elaboración propia.

Figura 130. Iniciativas sobre los espacio interbloque desde los espacios domésticos. Beriáin, Potasas. Elaboración propia.

4. Criterios y propuestas de integración paisajística

Integración del paisaje en la regeneración integral de barrios de iniciativa pública. Periodo 1950-1985 en Navarra

Normativa, ordenación y protección

(2) (2*) Los conjuntos de vivienda residencial requieren de instrumentos de regulación con el objeto de facilitar e impulsar las propuestas y criterios de intervención en la edificación y el espacio público, así como para impulsar la diversidad de usos de modo que sean viables y coherentes:

- Actualizar la normativa municipal para fomentar la rehabilitación, considerando el aprovechamiento de espacios libres para la instalación de ascensores y el aumento de la edificabilidad, entre otros aspectos.

- Proteger las condiciones ambientales de los espacios entre bloques como componentes fundamentales en la red de áreas verdes: preservar su permeabilidad, cuidar la vegetación de gran porte, etc.

- Actualizar la ordenanza de usos en planta baja para promover la mezcla de usos :

  - Regular la transformación de locales comerciales en viviendas y promover la combinación de usos.

  - Permitir la creación de garajes o estacionamientos compartidos en las plantas bajas.

  - Permitir la configuración de espacios en la planta baja para usos comunitarios, como áreas de almacenamiento, locales para asociaciones, etc.

- Regulación de la contaminación visual, para facilitar la integración coherente de instalaciones y dispositivos en la fachada, especialmente los aparatos de climatización, rejillas de ventilación o extracción.

Ejemplos prácticos: paseo participativo

En los paseos participativos se recorre el barrio de manera colectiva, dando espacio a los vecinos, antes y después, para que compartan sus impresiones y pensamientos para apoyar el análisis o desde una intención más propositiva.

Figura 131. Jornadas Europeas de Patrimonio. 03/10/2023, Alsasua

Figura 132

(3) Otras tipologías: Paisaje de conjunto singular

Los criterios que impactan en otras tipologías de paisajes, los conjuntos singulares de vivienda colectiva, comparten en gran medida las propuestas recogidas para el caso (2) Vivienda colectiva en bloque, aunque se trate de conjuntos muy particulares que requieren un estudio individualizado para cada caso. A continuación, se resaltan algunos criterios que, aunque puedan ser aplicables a la vivienda colectiva en bloque, adquieren un interés especial en estos conjuntos, entre los que destaca diversificar la actividad en la planta baja, mejorar el confort de los espacios libres y preservar los elementos que singularizan cada conjunto.

Casos estudiados

Vadoluengo, Sangüesa (1985)

●

Promociones en Navarra

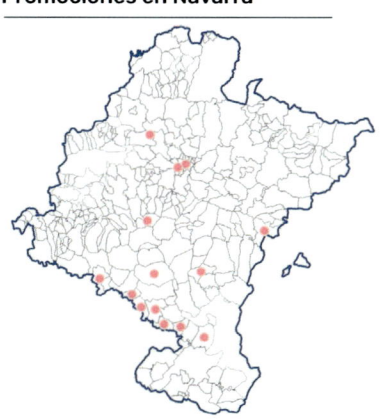

Figura 133. Ubicación de áreas residenciales.

① Paisaje adaptativo   ② Paisaje con memoria   ③ Paisaje participativo

Figura 134. Collage de ejemplos de propuesta.

Intervenciones físicas, edificación y espacio público

(3) REHABILITAR PRESERVANDO LA IDENTIDAD DEL CONJUNTO

- Son piezas residenciales que funcionan de manera independiente al resto del tejido urbano, con marcadas geometrías de carácter posmodernista. Es por ello por lo que la rehabilitación deberá reconocer estas singularidades e intervenir con diseños que respeten el carácter del conjunto y pongan en valor la geometría del diseño original.

(3) INTEGRAR Y CONECTAR DE MODO ACCESIBLE EL ESPACIO LIBRE DEL INTERIOR DE LOS CONJUNTOS

- Las intervenciones en los espacios libres se enfocarán en abordar problemas relacionados con la ausencia de itinerarios accesibles y en mejorar la calidad desde el punto de vista del uso comunitario, teniendo en cuenta criterios climáticos y de biodiversidad. Actuaciones dirigidas a su vez a mejorar la conectividad entre los conjuntos residenciales y el tejido urbano adyacente, como puede ser la significación de los accesos e introducción de mobiliario que invite a la utilización pública del espacio libre delimitado por el conjunto.

Figura 135. Conjunto residencial con marcada geometría en fachada. Azagra. Elaboración propia.

Figura 136. Problemas de accesibilidad en los recorridos interiores. Sangüesa, Vadoluengo. Elaboración propia.

Programas y acciones inmateriales o complementarios

(3) DIVERSIFICACIÓN DE USOS E INTEGRACIÓN PAISAJÍSTICA DE LA PLANTA BAJA COMERCIAL

Estos conjuntos albergan zócalos con locales mayormente utilizados como garajes, con cierres que no contribuyen al valor estético del paisaje a nivel de la calle y generan una sensación de inseguridad y escasa permeabilidad.

- Se buscará promover la creación de espacios en la planta baja para usos comunitarios de carácter público o privado, como locales para asociaciones, entre otros.

- Favorecer, en la medida de lo posible, intervenciones con interés paisajístico como es la naturalización de fachadas o la intervención artística en los cierres.

Figura 137. Fachada principal con garajes en planta baja. Sangüesa, Vadoluengo. Elaboración propia.

(D) Dotaciones transversales:
equipamientos, espacio público y viarios

Las dotaciones transversales de los paisajes residenciales son elementos de articulación barrial, conectividad y transición que entrelazan con los tejidos adyacentes. Los criterios y propuestas para alcanzar los objetivos de calidad paisajística buscan adaptar estos elementos para satisfacer las necesidades contemporáneas, enfrentar el cambio climático y atender a aspectos sociales, destacando su relevancia en la configuración paisajística que ejerce cada uno de los elementos resaltados de la red dotacional: el equipamiento, el espacio público y el viario.

EQUIPAMIENTOS PÚBLICOS

VIARIOS Y CONEXIONES

ESPACIOS PÚBLICOS ESTANCIALES

Figura 138. Dotaciones transversales.

Proceso participativo y gestión comunitaria

La red dotacional desempeña un papel esencial en el desarrollo de los procesos participativos asociados a la regeneración urbana. Esto se debe a que esta red configura los espacios de centralidad y conectividad fundamentales para fortalecer la cohesión social y la identidad colectiva. Además, estas áreas son clave para proporcionar los servicios públicos necesarios a fin de regenerar el conjunto residencial y adaptarlo a las exigencias contemporáneas.

Estas piezas, por lo tanto, subrayan su importancia para la participación **porque actúan como espacio físico para las principales acciones de participación colectiva.** A continuación, se describe, para cada una de las tres dimensiones de la participación, el papel que desempeña la red dotacional y las acciones específicas propuestas:

D

El canal de Difusión, comunicación y transparencia:

(D) Las dotaciones pueden alojar espacios informativos, desde paneles explicativos a oficinas técnicas de apoyo a la regeneración.

C

La estrategia de Ciudadanía, divulgación y pedagogía:

(D) Implementar programas y campañas de divulgación y reconocimiento de la memoria colectiva asociados al nacimiento de los equipamientos, a las actividades vinculadas históricamente a las plazas de barrio, así como con los principales viarios e itinerarios que conectaban los tejidos con otros barrios y cómo estos han evolucionado con el paso del tiempo.

P

Canal Proyecto participativo, toma de decisiones y gestión colaborativa:

(D) Diagnóstico de las necesidades para la mejora de la conectividad del conjunto con el entorno urbano, la identificación de los elementos singulares e identitarios a conservar de los equipamientos y plazas, así como reconocer nuevos usos de interés social vinculados a la economía circular y la integración de la diversidad social.

(D) Fomentar la creación de espacios asociativos vinculados a equipamientos que permitan gestionar recursos compartidos como puede ser desde una biblioteca de materiales o hasta la gestión de servicios compartidos en torno a la movilidad.

(D) Equipamientos

Los criterios que se plantean para la transformación de las dotaciones transversales buscan convertir estos espacios en articuladores de la actividad barrial, tanto para favorecer un uso más abierto y flexible como para dar respuesta a las necesidades contemporáneas y mejorar su imagen, pudiendo convertirse en referencias urbanas que destaquen dentro del paisaje residencial.

Intervenciones físicas, edificación y espacio público

(D) Recuperar y enfatizar elementos singulares de la edificación o incorporar de nueva creación. Complementariamente a la rehabilitación integrada de las dotaciones, se proponen intervenciones que, o bien enfaticen el lenguaje arquitectónico original del equipamiento, o lo transformen; siempre en función del resultado de la participación, convirtiéndolos así en hitos singulares en el paisaje tanto para el conjunto residencial en regeneración como para los tejidos limítrofes.

- Rehabilitación integrada abordando la mejora constructiva, la eficiencia energética y accesibilidad del equipamiento en su conjunto. La rehabilitación de las edificaciones dotacionales debe ser integral para garantizar la calidad y coherencia estética entre las soluciones.

- Mejorar la apertura del equipamiento al entorno próximo, creando espacios de estancia vinculados a los accesos al equipamiento.

Figura 139. Rehabilitación singular de colegio. Azagra, Grupo La Paz. Elaboración propia.

Programas y acciones inmateriales o complementarios

(D) Reconocer los procesos de regeneración como una oportunidad para la revisión de usos y servicios asociados a los equipamientos. Implica evaluar la integración de nuevos usos que fomenten la cohesión social y la adaptación comunitaria hacia modelos de gestión de los elementos comunes más sostenibles, y con ello avanzar hacia creación de paisajes más híbridos y contemporáneos. De modo que los programas potenciales podrán dirigirse a:

- Actividades que favorezcan la gestión sostenible de los recursos, energía, agua, movilidad y residuos.

- Programas que faciliten la implicación ciudadana en actividades artísticas, culturales de resignificación patrimonial fundamentales para el reconocimiento del paisaje.

Figura 140. Rehabilitación singular de colegio. Poblado de Potasas, Beriáin. Elaboración propia.

4. Criterios y propuestas de integración paisajística

Integración del paisaje en la regeneración integral de barrios de iniciativa pública. Periodo 1950-1985 en Navarra

(D) Espacios públicos de estancia

Sobre los espacios públicos, cabe repensar su función histórica y futura dentro de la trama, entendiéndolos como espacios clave para la vida de barrio y la cohesión social. En general, los espacios públicos de estancia de centralidad, escasos e imprescindibles en los tejidos analizados, presentan un potencial alto desde el punto de vista de la infraestructura verde y la cohesión social. Sin embargo, la mayoría no están adecuados a las necesidades actuales y en lugar de ejercer su papel como nodo pierden esta capacidad por diversas problemáticas derivadas de su diseño y conservación.

Intervenciones físicas, edificación y espacio público

(D) Mejora integral de las plazas y parques de centralidad con acciones dirigidas a solucionar su accesibilidad y conectividad, la naturalización, el confort, el diseño identitario y el equipamiento y mobiliario para la diversidad de usos y personas usuarias.

- Mejoras puntuales de accesibilidad peatonal y seguridad viaria.

- Adecuación del mobiliario básico y específico.

- Mejora de la permeabilidad y diversidad de vegetación.

- Integración y tratamiento de elementos singulares e históricos como son fuentes, esculturas o intervenciones de nueva creación.

Figura 141. Espacios públicos articuladores a transformar. Elizondo, Giltxaurdi. Elaboración propia.

Figura 142. Verde como elemento patrimonial. Azagra, Grupo La Paz. Elaboración propia.

Programas y acciones inmateriales o complementarios

- (D) Impulso, a través de programas de mediación y dinamización, de la diversidad de usos y de personas usuarias en los espacios de centralidad para asegurar su función como entornos de convivencia.

Figura 143. Espacios públicos articuladores a transformar. Azagra, Grupo La Paz. Elaboración propia.

4. Criterios y propuestas de integración paisajística

Integración del paisaje en la regeneración integral de barrios de iniciativa pública. Periodo 1950-1985 en Navarra

(D) Conexiones y viarios

Por último, las propuestas sobre los viarios se enfocan a integrar los recorridos cotidianos y sus conexiones que van más allá de los propios ámbitos residenciales, pero
que condicionan la percepción de su paisaje.

Intervenciones físicas, edificación y espacio público

(D) Los viarios estructurantes, en origen no preparados para el alto tráfico rodado actual,
padecen, en general, un diseño deficiente poco adecuado a los paisajes residenciales estudiados. Resulta necesario mejorar la convivencia y la seguridad entre los diferentes modos
de movilidad.

(D) Muchas de estas promociones nacieron desconectadas del núcleo urbano y todavía hoy
existen promociones que permanecen desconectadas de la trama urbana, como es el caso
del barrio de La Merced, en Estella-Lizarra. En estos casos será fundamental trabajar la conectividad favoreciendo sendas peatonales y ciclistas, aprovechando oportunidades como
pueden ser las sendas de interés (Camino de Santiago, Paseo fluvial del río Ega, Vía verde
del antiguo Ferrocarril Vasco-Navarro, senda ciclable entre Estella-Lizarra y Villatuerta)
acompañadas de procesos de mediación y participación.

*Figura 144. Potencial conexión peatonal con vía verde para la regeneración del barrio.
Estella-Lizarra, Barrio de la Merced. Elaboración propia.*

*Figura 145. Eje viario principal no adaptado al paisaje
rural. Elizondo, Giltxaurdi. Elaboración propia.*

*Figura 146. Carretera no adaptada a los
nuevos modos de movilidad.
Azagra, Grupo La Paz. Elaboración propia.*

*Figura 147. Viario perimetral al conjunto residencial con condición de barrera.
Tafalla, Grupo San Sebastián. Elaboración propia.*

Figura 148. Tudela, 1954. Fuente: ACN. Memoria del Patronato Benéfico de la Construcción Francisco Franco. MCML-MCMLV. 243411/1.

Referencias bibliográficas

BIBLIOGRAFÍA GENERAL

AZPEITIA SANTANDER, Arturo; AZPIROZ ZABALA, Victoria; ERQUICIA OLACIREGUI, Jesús María; LALANA ENCINAS, Laura; LÓPEZ URBANEJA, Aida; MARAÑA SAAVEDRA, Maider; ZELAIA ARROYABE, Zuriñe. Guía de Buenas prácticas en materia de paisaje. Desarrollos residenciales 1950-1975. Colección Patrimonio, Territorio y Paisaje. Universidad del País Vasco.

BETRÁN ABADÍA, Ramón. "De aquellos barros, estos lodos. La política de vivienda en la España franquista y postfranquista". Acciones e Investigaciones Sociales, 16 (diciembre 2002), pp. 25-67 ISSN:1132-192X

GARCÍA VÁZQUEZ, C. et al. (2016). "Intervención en barriadas residenciales obsoletas". Manual de buenas prácticas. Madrid: Abada.

LÓPEZ LUCIO, R. (2013). "Vivienda colectiva, espacio público y ciudad. Evolución y crisis en el diseño de tejidos residenciales 1860-2010". En URBS: Revista de estudios urbanos y ciencias sociales, ISSN-e 2014-2714, vol. 3, n.º 2, pp. 159-161.

MONCLÚS, J. (dir.) (2017). "Nuevos retos para las ciudades españolas: el legado de los conjuntos de vivienda moderna y opciones de su regeneración urbana. Especificidad y semejanzas con modelos europeos". Proyecto BIA2014-60059-R.

PONTE ORDOQUI, E. (2014). Tesis doctoral "La construcción de la ciudad. Guipúzcoa 1940-1976". Universidad del País Vasco / Euskal Herriko Unibertsitatea.

SOTOCA GARCÍA, A. (2012). After the Project: updating Mass Housing Estates. Universitat Politecnica de Catalunya. Iniciativa Digital Politecnica, Barcelona.

WASSENBERG, F. (2013). Large housing estates: ideals, rise, fall and recovery. The bijlmermeer and beyond. Amsterdam: IOS Press, Delf University Press.

BIBLIOGRAFÍA ESPECÍFICA

AZKARATE, A. (2010) "El análisis estratigráfico en la restauración del Patrimonio Construido. Consideraciones conceptuales e instrumentales".

AZPILIKUETA, E. (2004) Tesis doctoral "La Construcción de la Arquitectura de Posguerra en España (1939-1962)", Universidad Politécnica de Madrid, pp. 140-200.

BIELZA DE ORY, V. (1968). "Estella, estudio geográfico de una pequeña ciudad navarra" Príncipe de Viana, ISSN 0032-8472, Año nº 29, n.º 110-111, 1968, pp. 53-115.

BRINGAS TRUEBA, J. M. (1965). "Corrientes migratorias: características, causas y remedios. Nueva realidad geográfica de España". Revista Arquitectura, n° 83 pp. 80-85.

CÓRDOBA-HERNÁNDEZ, R.; SÁNCHEZ-GUEVARA, C.; TORRES-SOLAR, J.; ROMÁN-LÓPEZ, E. (2021). "Regeneración urbana en Tudela de Navarra: el caso de Lourdes Renove". Revista Ciudad y Territorio, ISSN(P): 1133-4762; ISSN(E): 2659-3254, vol. LIII, n.° 209, otoño 2021, pp. 847-854.

DOCAL ORTEGA, C. (1998). "La arquitectura de Navarra durante los años cuarenta y cincuenta". En: Actas del congreso internacional "De Roma a Nueva York: itinerarios de la nueva arquitectura española 1950-1965": se celebró en Pamplona los días 29 y 30 de octubre de 1998. Pamplona: T6 Ediciones, pp. 191-199.

ESPARZA ESTAUN, Belén (2003). Una historia de rehabilitación urbana. El casco antiguo de Tudela 1983-2003. Gobierno de Navarra. Ayuntamiento de Tudela. VINSA.

JIMÉNEZ, M.ª Angeles (2000). "El barrio de San Pedro". En: Actas del Congreso Internacional "Los años 50: La arquitectura española y su compromiso con la historia", ISBN 84-89713-33-2, Pamplona, p. 148.

JUBERT, Juan (1974). "La O.S.H. : características de la gestión de la Obra Sindical del Hogar". Cuadernos de arquitectura y urbanismo, 1974, n.° 105, pp. 36-47.

LIZARRAGA, P. (2014). Trabajo fin de grado "Los derechos laborales en el franquismo: las huelgas de Potasas de Navarra". Universidad Pública de Navarra.

MONCLÚS, J. (dir.) (2017). "Nuevos retos para las ciudades españolas: el legado de los conjuntos de vivienda moderna y opciones de su regeneración urbana. Especificidad y semejanzas con modelos europeos". Proyecto BIA2014-60059-R.

SAMBRICIO, C. (1976). "Ideologías y reforma urbana: Madrid 1920-1940" Arquitectura: Revista del Colegio Oficial de Arquitectos de Madrid (COAM), ISSN 0004-2706, n.° 199, 1976, pp. 77-88.

UGARTE, Javier. (2004). "Pamplona, toda ella un castillo, y más que ciudad, ciudadela. Construcción de la imagen de una ciudad, 1876-1941". En: Á. García-Sanz Marcotegui (ed.), Memoria histórica e identidad. En torno a Cataluña, Aragón y Navarra, Pamplona, Universidad Pública de Navarra.

YEPES, Carlos Andres (2020). "La Revista Hogar y Arquitectura de 1955 a 1963: Modelando la vivienda social". Universidad Politécnica de Catalunya, Barcelona.

ENLACES WEB

Archivo Contemporáneo de Navarra (ACN). Dirección General de Cultura-Institución Príncipe de Viana. (https://archivocontemporaneo.navarra.es/es/inicio)

Archivo Real y General de Navarra (AGN). Dirección General de Cultura-Institución Príncipe de Viana. (https://agn.navarra.es/es/)

Arbizu, Bittor (2022). Azagra, histórico embarcadero. Noticias de Navarra. (https://www.noticiasdenavarra.com/opinion/2022/02/18/azagra-historico-embarcadero-2093647.html)

Censo Guía de Archivos de España e Iberoamérica. Instituto Nacional de la Vivienda. (http://censoarchivos.mcu.es/CensoGuia/productordetail.htm?id=23665)

Documentos de paisaje. Gobierno de Navarra. (https://paisaje.navarra.es/pages/dp-consulta-y-descarga)

Geoalcali. Historias de la minería en Navarra. (https://www.geoalcali.com/historia-de-la-mineria-en-navarra/)

Instituto de Estadística de Navarra, Nastat. (https://nastat.navarra.es/es/)

Nasuvinsa. Rehabilitación y regeneración urbana. (https://www.nasuvinsa.es/es/servicios/rehabilitacion-regeneracion)

Oficina de Rehabilitación Urbana del Área de Urbanismo y Vivienda del Ayuntamiento de Pamplona (ORVE). (https://sedeelectronica.pamplona.es/FichaTramite.aspx?id=20-40181)

Oficina de Transformación Comunitaria de Navarra (OTC Navarra). (https://otcnavarra.es/)

Pares, Portal de Archivos Españoles. Obra Sindical del Hogar y Arquitectura. (http://pares.mcu.es/ParesBusquedas20/catalogo/autoridad/50862#)

Premio Conama Sostenibilidad. Intervención sociourbanística en el barrio de La Merced. (http://www.premioconama.org/premios10/premios/proyectos_popup.php?id=338)

Universidad de Navarra. Fondo Domingo Ariz Armendáriz. (https://dadun.unav.edu/bitstream/10171/60141/1/Ficha%20204%20%C3%81RIZ%20-%20Definitivo.pdf)

Visor de vulnerabilidad social y edificatoria. Gobierno de Navarra. (https://www.arcgis.com/apps/dashboards/c42ce9177a9e4c999eaf5ebd17a2ad24)

Vivienda, Gobierno de Navarra. (http://www.navarra.es/home_es/Temas/Vivienda/Ciudadanos/)

Anexo I

Planos de áreas residenciales analizadas

ALSASUA

ESPINAL

AZAGRA

BERIÁIN

ELIZONDO

ESTELLA-LIZARRA

SANGÜESA

TAFALLA

TUDELA

Alsasua

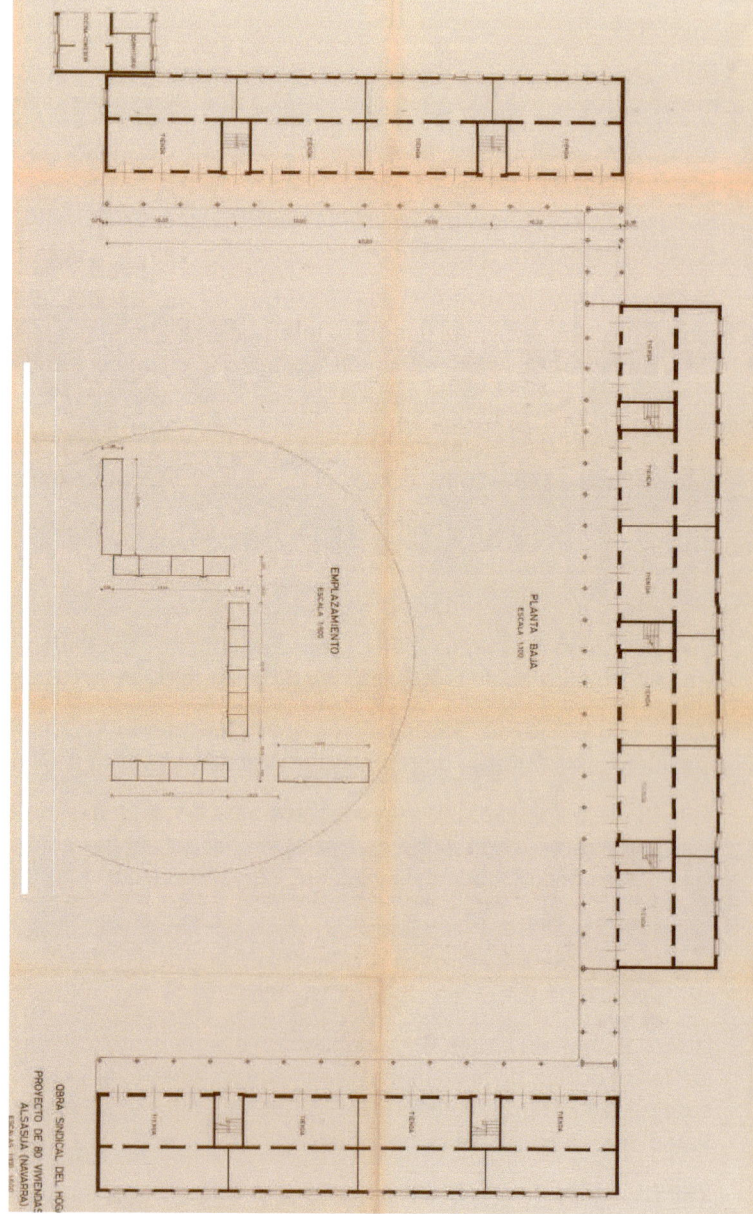

Figura 149. Planta baja del Grupo Zumalacárregui, Alsasua.
Fuente: ACN. Vivienda. 209344/1.

ra 150. Alzados del Grupo Zumalacárregui, Alsasua. Fuente: ACN. Vivienda. 209344/1.

Espinal

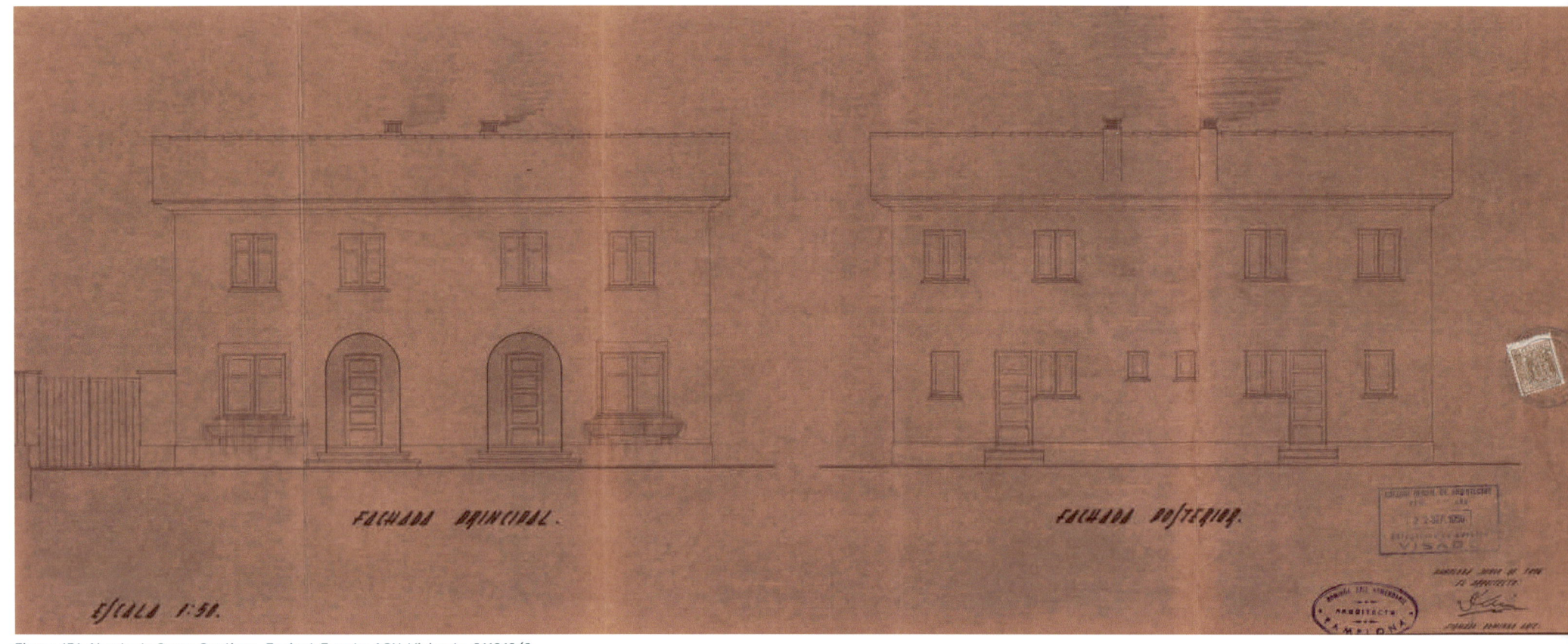

Figura 151. Alzado de Grupo Santiago, Espinal. Fuente: ACN. Vivienda. 211010/2

Figura 152. Emplazamiento del Grupo Santiago, Espinal. Fuente: ACN. Vivienda. 211010/2.

Azagra

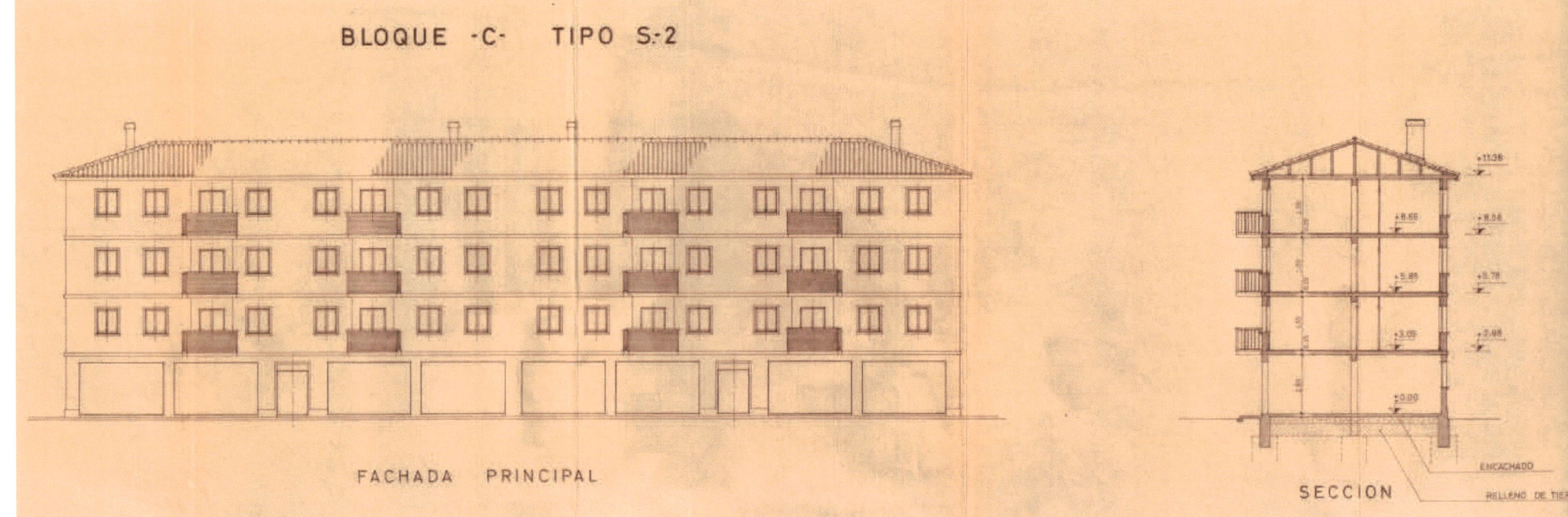

BLOQUE ·C· TIPO S-2

FACHADA PRINCIPAL

SECCION

Figura 153. Alzados tipo, Grupo La Paz, Azagra. Fuente: ACN. Vivienda. 214155/1.

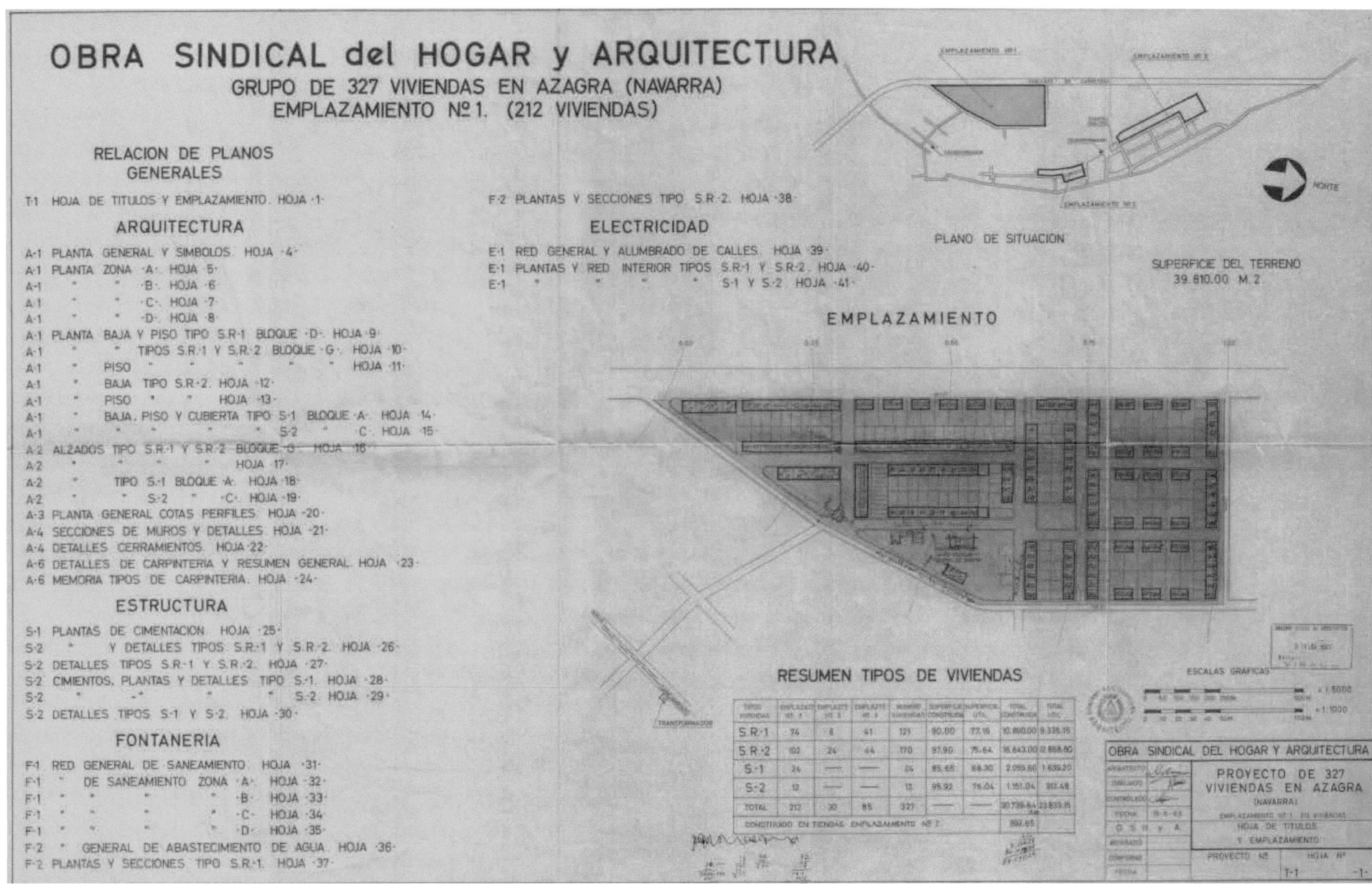

Figura 154. Emplazamiento Grupo La Paz, Azagra. Fuente: ACN. Vivienda. 214155/1.

Beriáin

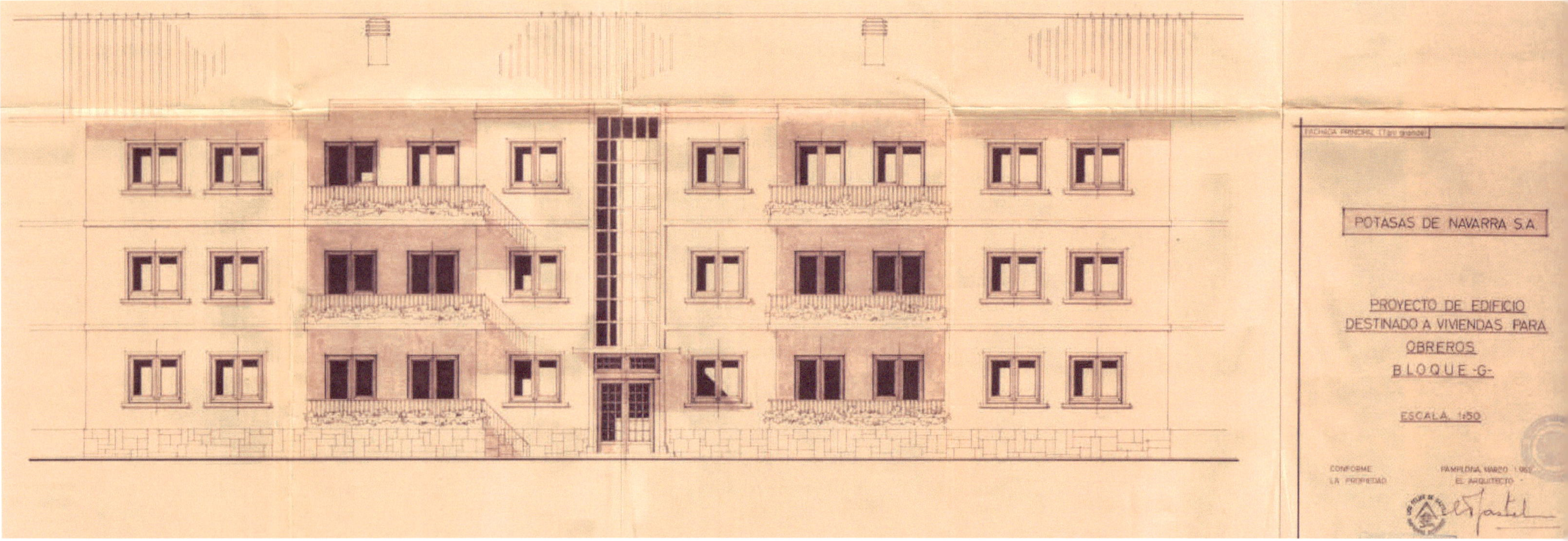

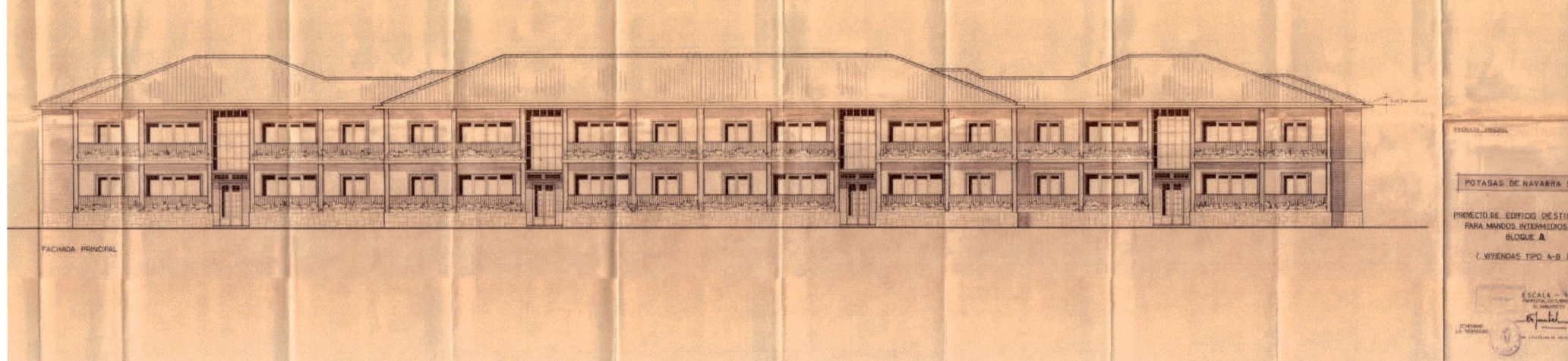

Figura 155. Arriba, alzado tipo de bloque de viviendas para obreros. Abajo, alzado tipo de bloque de viviendas de mandos intermedios, Poblado de Potasas, Beriáin. Fuente: ACN. Vivienda. 213339/3 y 213339/2.

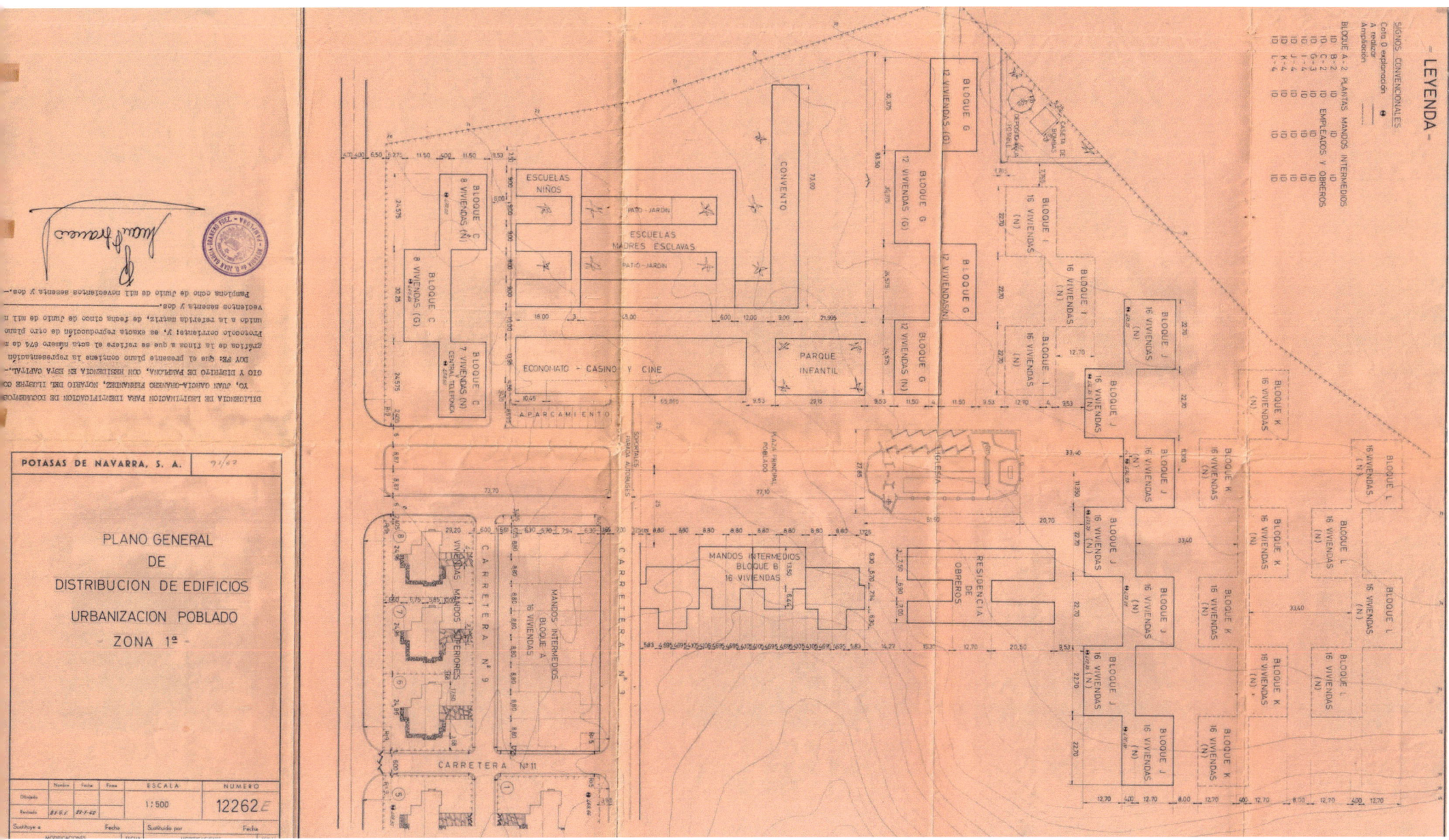

Figura 156. Plano de distribución del Poblado de Potasas, Beriáin. Fuente: ACN. Vivienda. 213339/3.

Elizondo

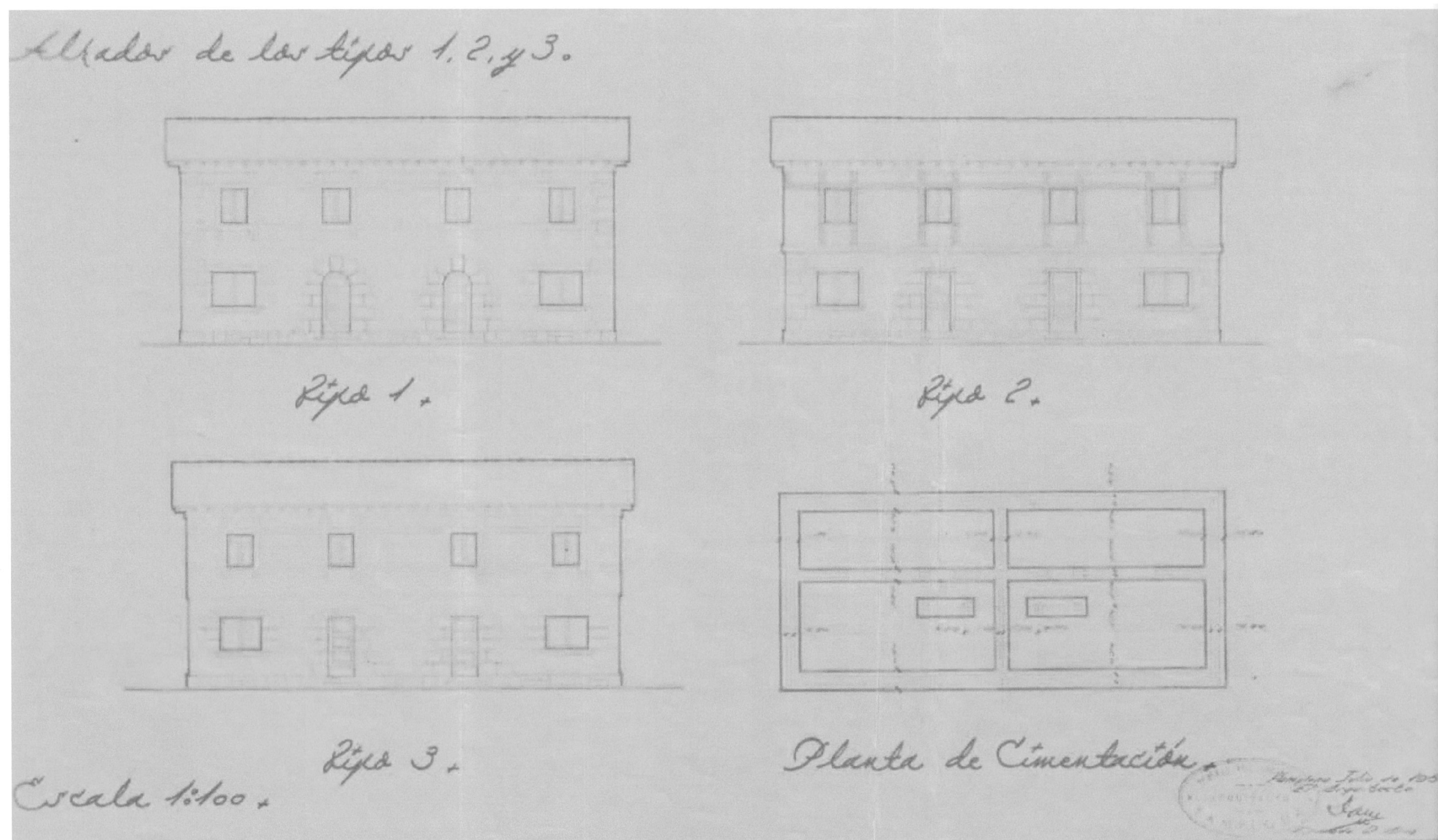

Figura 157. Alzado tipo de Giltxaurdi, Elizondo. Fuente: ACN. Vivienda. 209409/1.

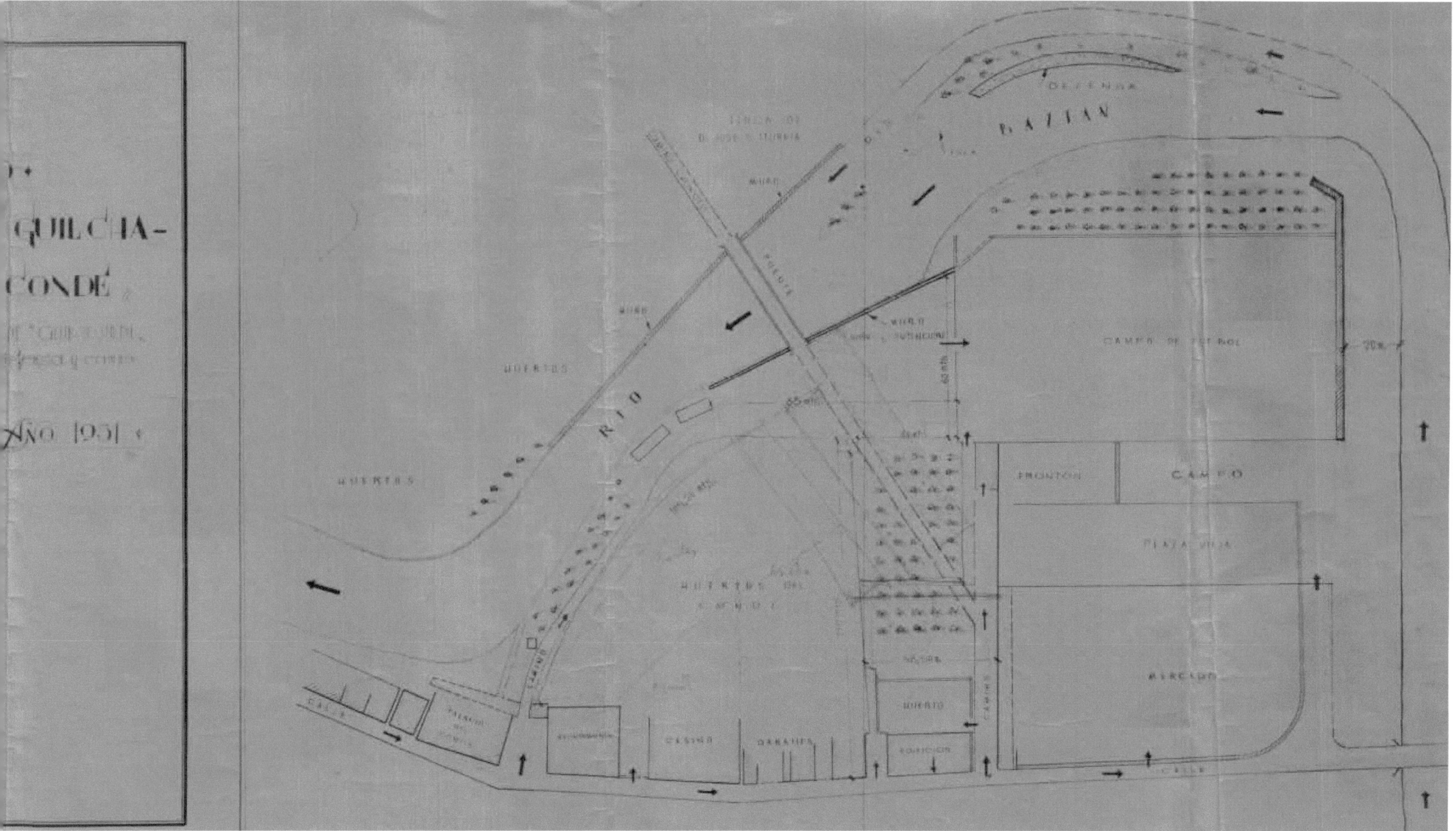

Figura 158. Plano de emplazamiento de Giltxaurdi, Elizondo. Fuente: ACN. Vivienda. 209409/1.

Estella-Lizarra

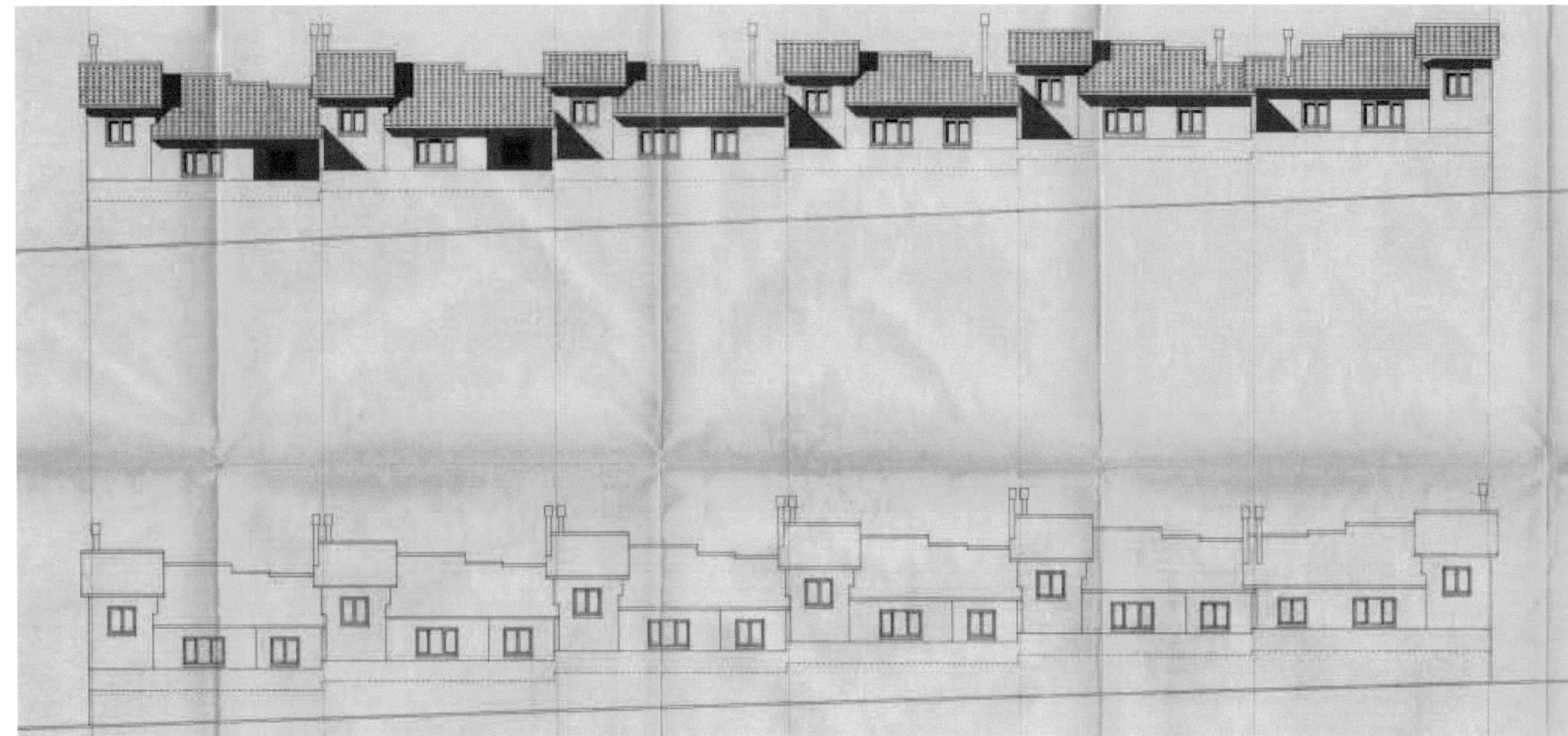

Figura 159. Alzados de viviendas pareadas en c/ Pío Baroja y c/ Valle Inclán de Estella. Fuente: ACN. Vivienda. 209422/1.

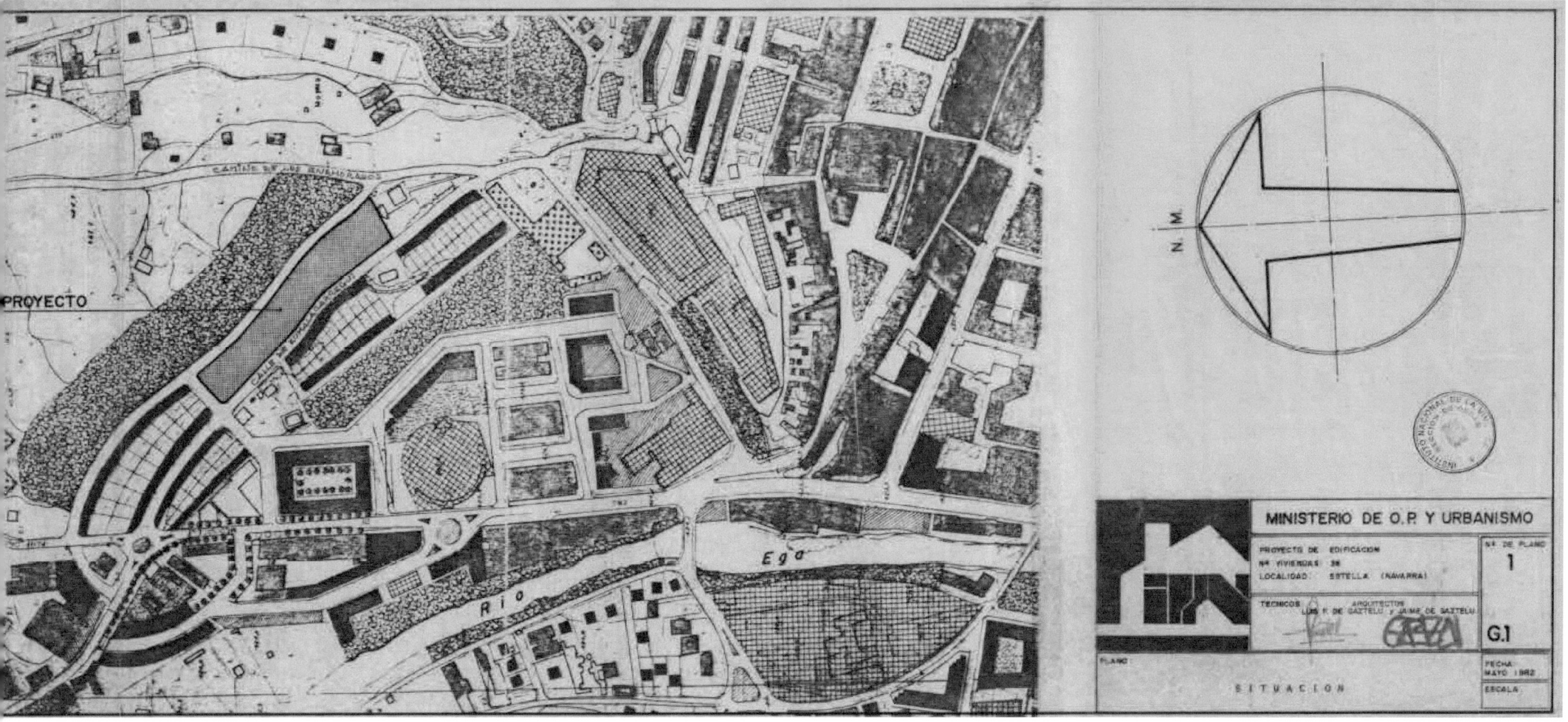

Figura 160. Plano de emplazamiento de 36 viviendas unifamiliares en c/ Pío Baroja y c/ Valle Inclán de Estella. Fuente: ACN. Vivienda. 209422/1.

Sangüesa

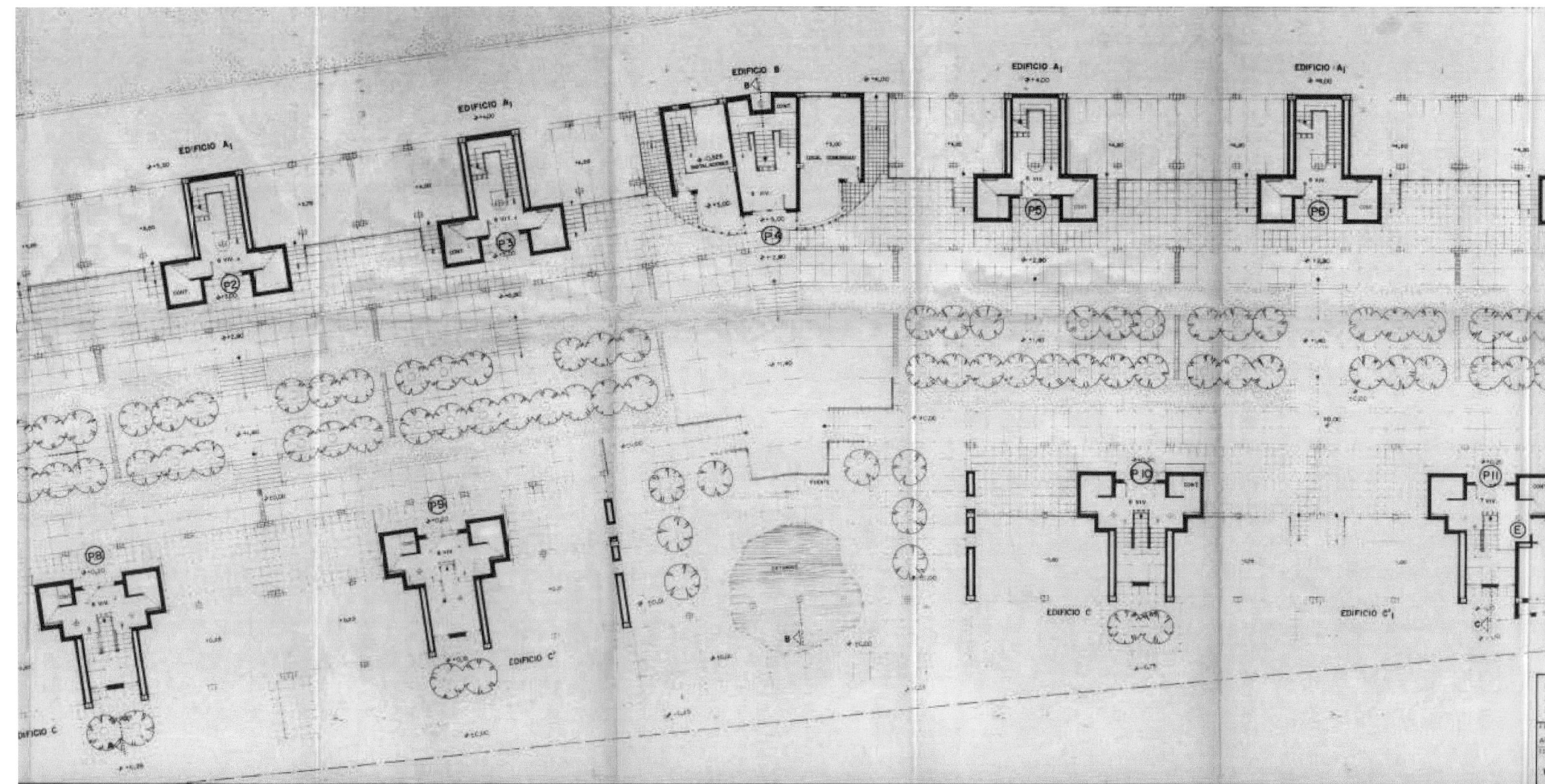

Figura 161. Planta de viviendas y espacio público. Grupo Vadoluengo. Sangüesa. Fuente: ACN. Industria. 220329/7.

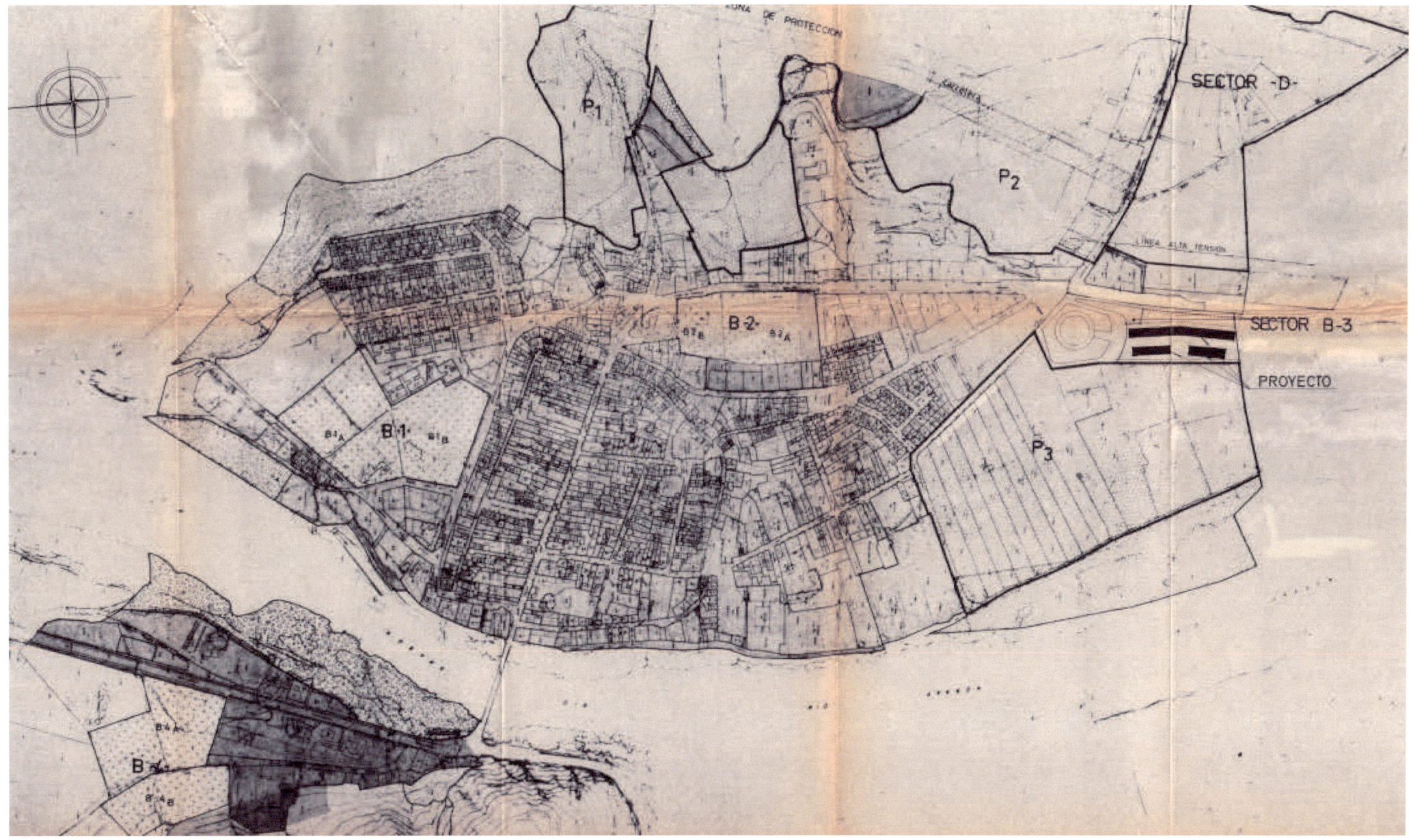

Figura 162. Plano de situación del Grupo Vadoluengo. Sangüesa. Fuente: ACN. Industria. 220329/7.

Tafalla

Figura 163. Arriba, fachadas tipo de vivienda de los trabjadores. Abajo, fachada tipo de viviendas para empleados. Ambas, Grupo San Sebastián, Tafalla. Fuente: ACN. Vivienda. 209481/1.

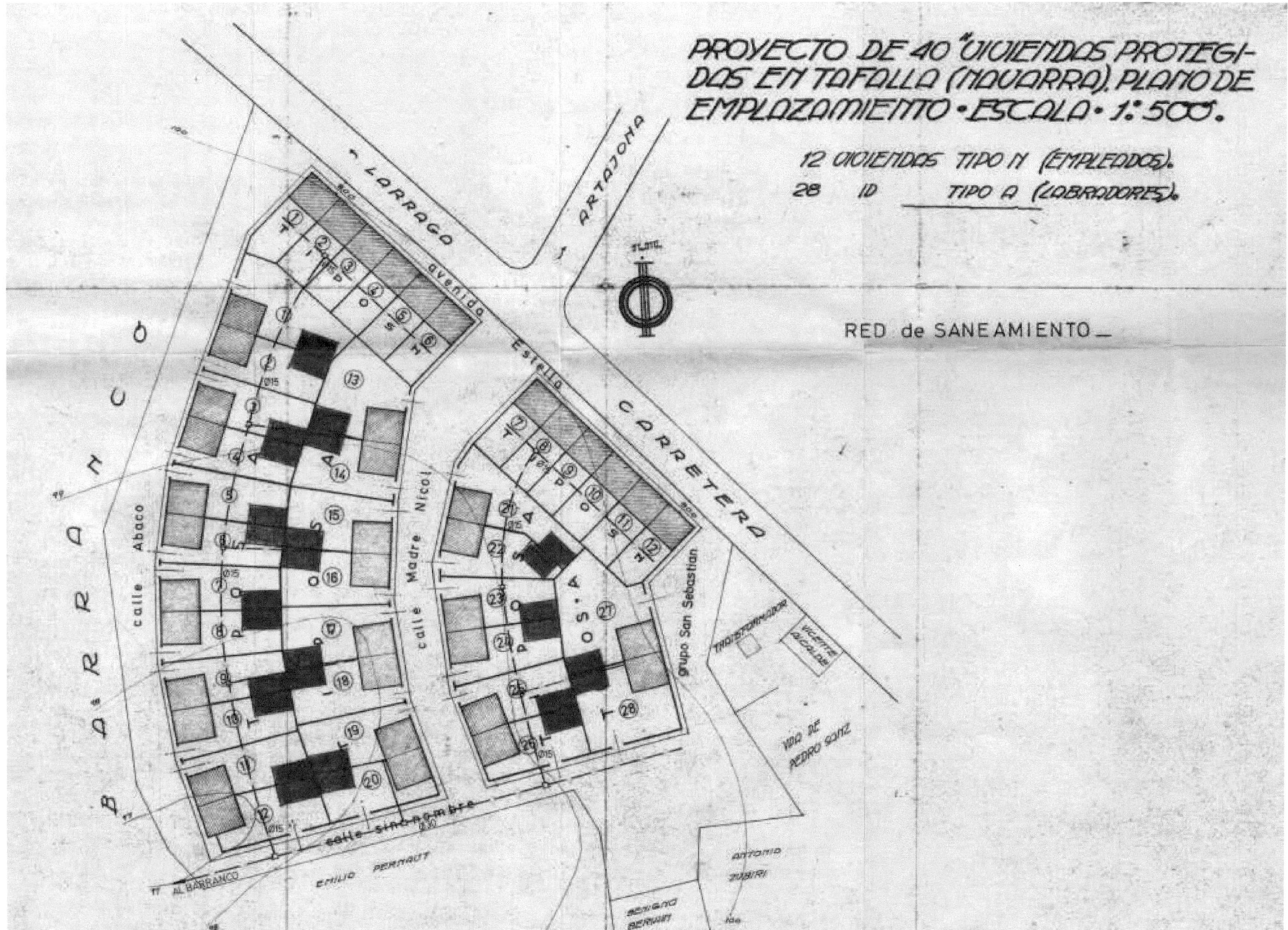

Figura 164. Plano de emplazamiento de Grupo San Sebastián, Tafalla. Fuente: ACN. Vivienda. 209481/1.

Anexos

Integración del paisaje en la regeneración integral de barrios de iniciativa pública. Periodo 1950-1985 en Navarra

Tudela

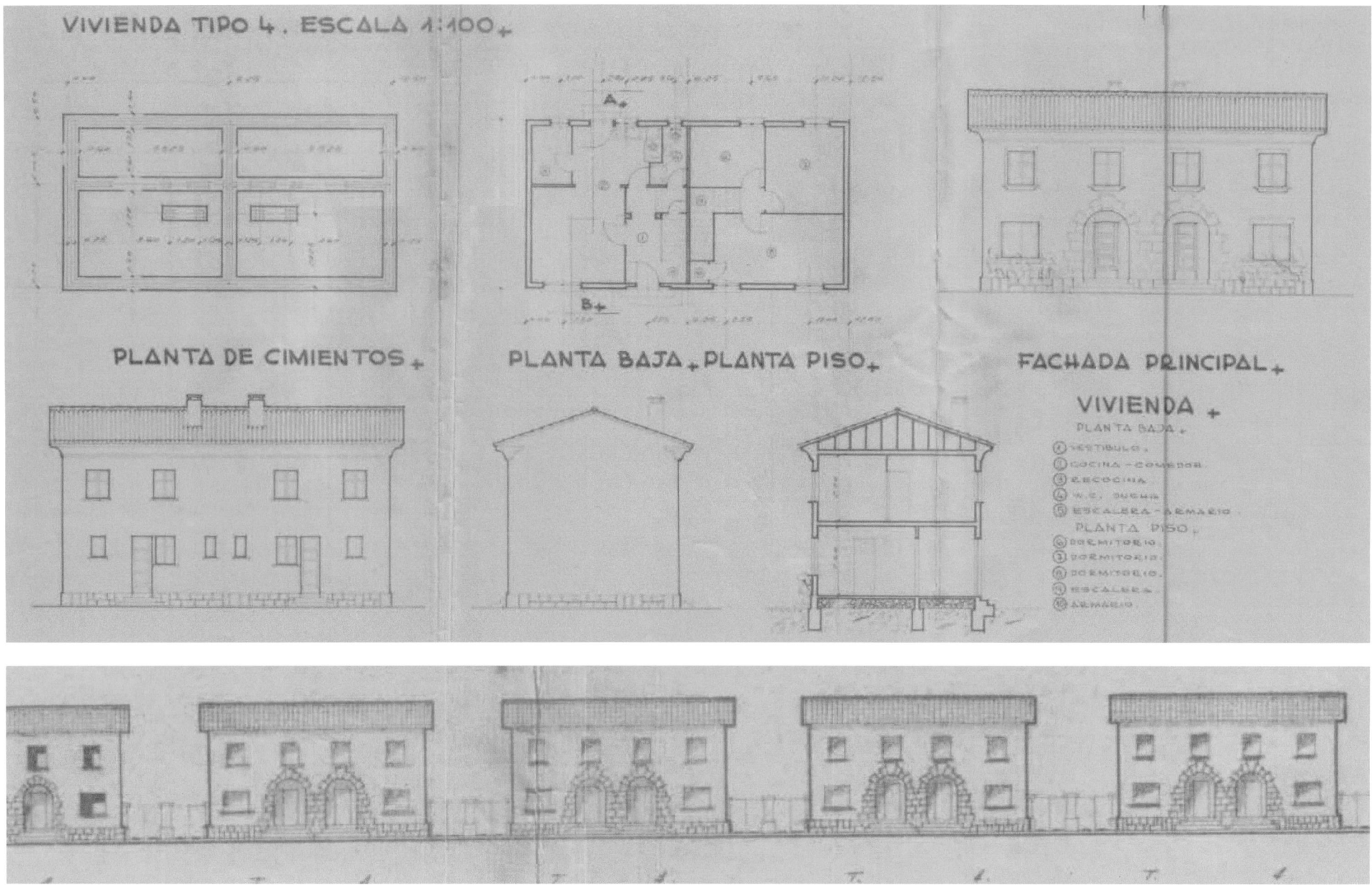

Figura 165. Arriba, alzados, plantas y sección de una vivienda tipo. Abajo, alzado general. Ambas, barrio de Lourdes, Tudela. Fuente: ACN. Vivienda. 211033/1.

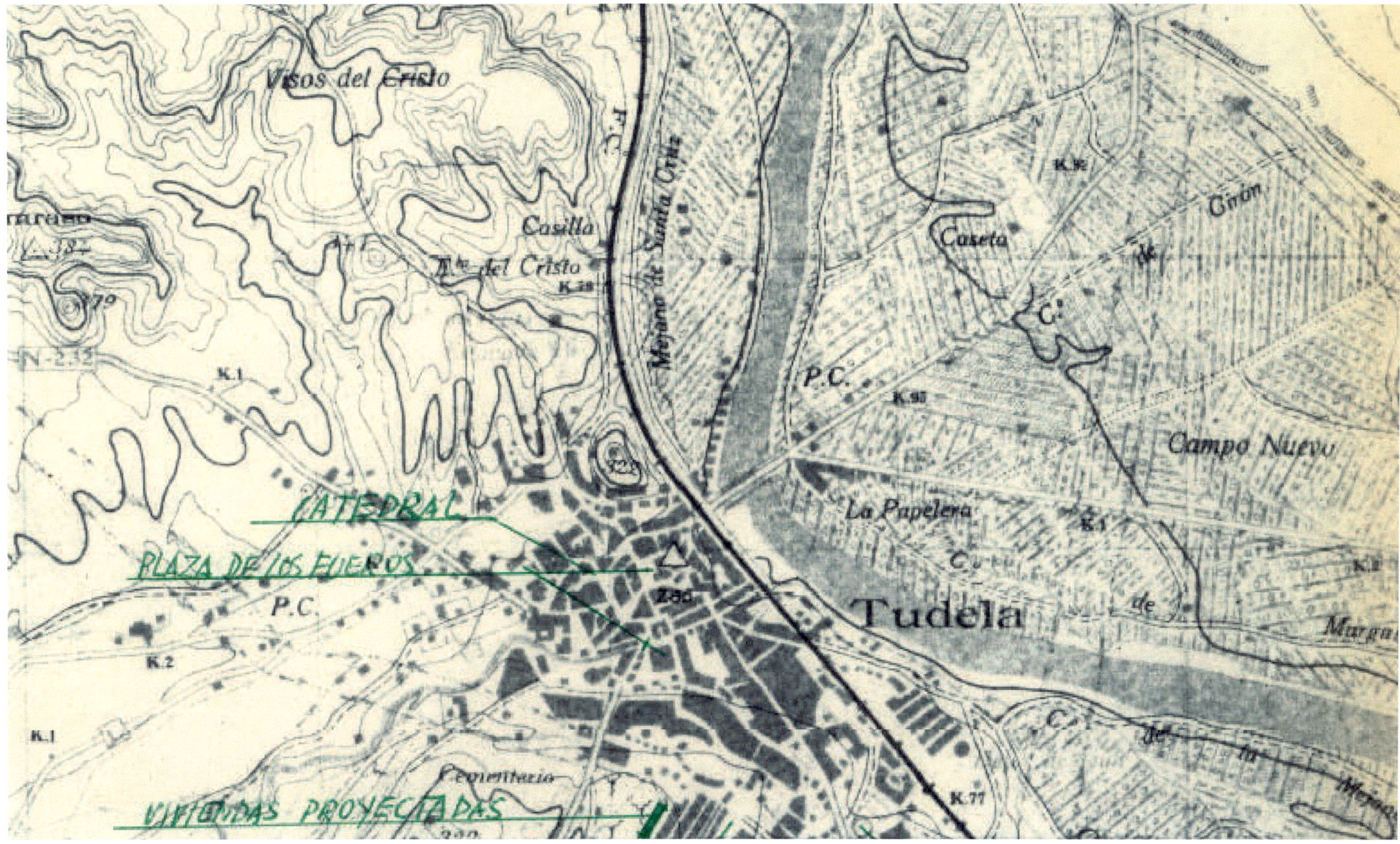

Figura 166. Plano de situación de 100 viviendas para la Asociación Benéfica San Francisco Javier, Tudela. Fuente: ACN. Vivienda. 213482/1.

Anexo II

Áreas residenciales de iniciativa pública construidas en el periodo 1950-1985 en Navarra

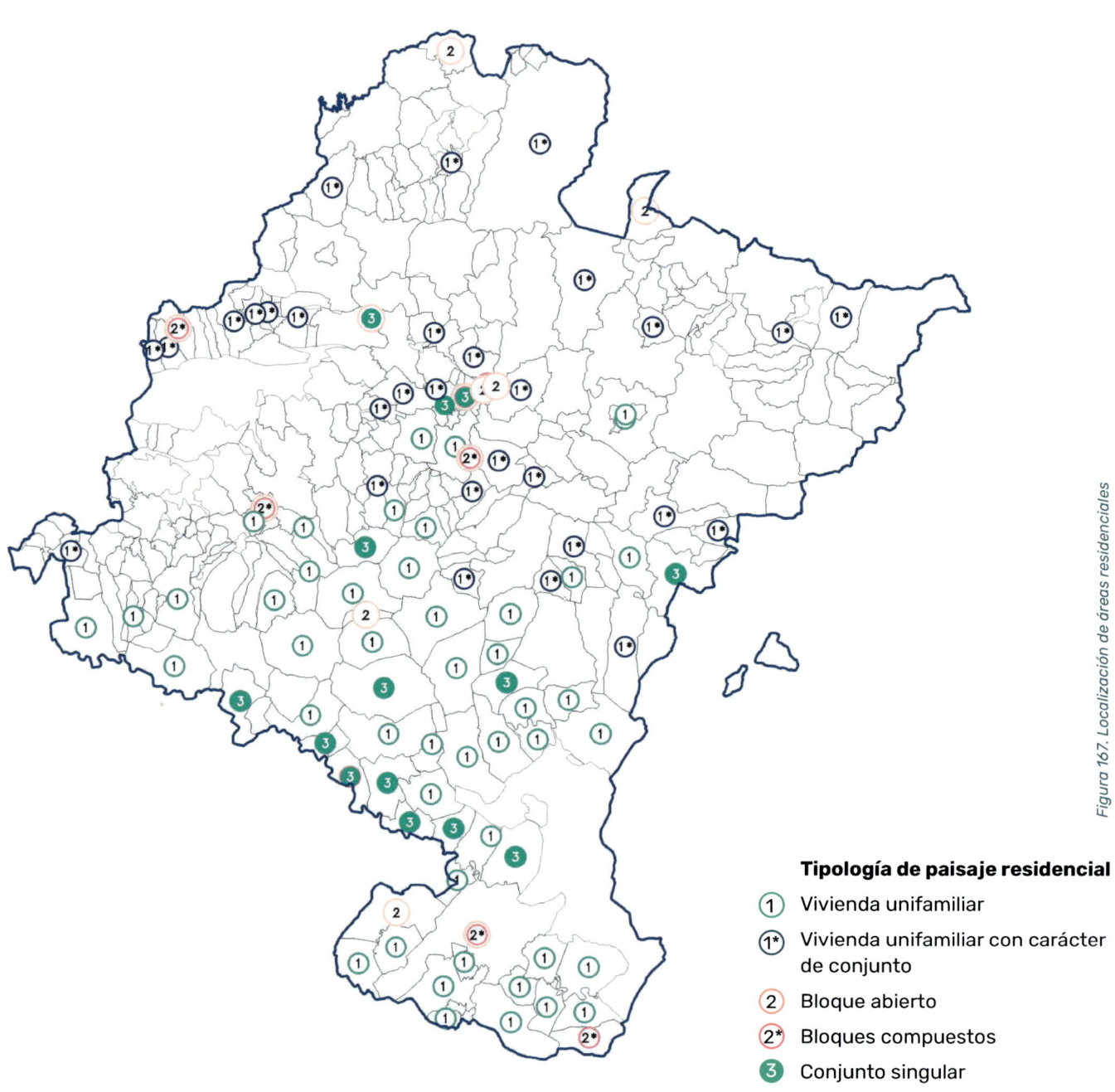

Figura 167. Localización de áreas residenciales

Tipología de paisaje residencial

① Vivienda unifamiliar

①* Vivienda unifamiliar con carácter de conjunto

② Bloque abierto

②* Bloques compuestos

③ Conjunto singular

LOCALIDAD	n° viv.	año inicio	
Fustiñana	71	1945	1
Peralta	160	1945	1
Yesa	30	1945	1*
Corella	377	1945	1, 2
Villafranca	181	1947	1
Olite	154	1949	1
Pamplona	4133	1949	1, 2, 2*, 3
Astráin	20	1950	1
Oteiza	6	1950	1
Etxauri	16	1950	1*
Arazuri	14	1951	1*
Villava	216	1952	1*, 2*
Artajona	65	1953	1
Esquíroz	14	1953	1
Tafalla	106	1953	1
Falces	158	1953	1, 3
Fitero	48	1953	1
Lakuntza	16	1953	1*
Murillo el Fruto	38	1953	1
Olazagutía	41	1953	1*
San Adrián	134	1953	1, 3
Valtierra	303	1953	1
Aoiz	24	1953	1
Arguedas	158	1953	1, 3
Orkoien	6	1953	1*
Ribaforada	256	1953	1
Huarte	42	1953	1*, 2
Cascante	44	1954	1
Leitza	10	1954	1*
Aos	16	1954	1
Fontellas	20	1954	1
Pitillas	81	1954	1, 3
Aguilar de Codés	14	1954	1*
Ezcároz	12	1954	1*

LOCALIDAD	n° viv.	año inicio	
Tudela	596	1954	1, 2, 2*
Elizondo	44	1954	1*
Pueyo	22	1955	1*
Sangüesa	304	1955	1, 3
Estella-Lizarra	224	1955	1, 1*, 2, 2*
Lerín	14	1955	1
Marcilla	90	1955	1
Mélida	38	1955	1
Miranda de Arga	14	1955	1
Ablitas	30	1955	1
Aibar	26	1955	1
Cadreita	176	1955	1, 3
Irurtzun	118	1955	1*, 2, 3
Etxarri Aranatz	60	1955	1*
Beire	17	1955	1
Cintruénigo	208	1955	1
Santesteban	14	1955	1*
Tiebas	25	1956	1*
Larraga	68	1956	1
Murchante	46	1956	1
Alsasua	380	1956	1*, 2, 2*
Añorbe	10	1956	1
Azagra		1956	1, 2*, 3
San Martín de Unx	26	1956	1
Lodosa	454	1956	1, 3
Cabanillas	50	1957	1
Bera	24	1957	2
Milagro	385	1957	1, 3
Monteagudo	30	1957	1
Uztárroz	7	1957	1*
Noáin	12	1957	1*
Berbinzana	20	1957	1, 2
Buñuel	222	1957	1
Ziordia	10	1957	1*

LOCALIDAD	n° viv.	año inicio	
Santacara	36	1957	1
Arbizu	6	1957	1*
Ayegui	24	1957	1
Andosilla	138	1958	1
Valcarlos	12	1958	2
Funes	132	1958	1, 3
Ollacarizqueta	6	1958	1*
Lumbier	22	1958	1*
Monreal	14	1958	1*
Cortes	196	1958	1, 2*
Eslava	6	1958	1
Burlada	168	1958	1, 2
Arre	6	1958	1*
Puente la Reina	8	1959	1*
Mendigorría	68	1959	1, 3
Los Arcos	48	1959	1
Caparroso	442	1959	1
Lerga	10	1960	1*
Ayesa	6	1960	1*
Obanos	13	1960	1
Oroz-Betelu	8	1960	1*
Villatuerta	6	1960	1
Carcastillo	203	1960	1
San Isidro del Pinar, Cáseda	25	1960	1*
Murillo el Cuende, Rada	261	1961	1
Castejón	290	1961	1
Beriáin	434	1962	1*, 2
Olaz	6	1962	1*
Uharte Arakil	17	1964	1*
Torres del Río	17	1964	1
Viana	16	1965	1
Mendavia	100	1967	1
Allo	22	1969	1
Barañáin	190	1983	3

Figura 168. Áreas rurales por orden cronológico. En los casos en los que un municipio albergue varias áreas se indica el año de inicio de la primera.